Алия Сапаргалиева

Геодезическое сопровождение при строительстве дорог Казахстана

AF154100

Алия Сапаргалиева

Геодезическое сопровождение при строительстве дорог Казахстана

LAP LAMBERT Academic Publishing RU

Imprint

Any brand names and product names mentioned in this book are subject to trademark, brand or patent protection and are trademarks or registered trademarks of their respective holders. The use of brand names, product names, common names, trade names, product descriptions etc. even without a particular marking in this work is in no way to be construed to mean that such names may be regarded as unrestricted in respect of trademark and brand protection legislation and could thus be used by anyone.

Cover image: www.ingimage.com

Publisher:
LAP LAMBERT Academic Publishing
is a trademark of
International Book Market Service Ltd., member of OmniScriptum Publishing Group
17 Meldrum Street, Beau Bassin 71504, Mauritius

Printed at: see last page
ISBN: 978-613-7-34046-2

Zugl. / Утверд.: РФ г. Новосибирск, 2017

АННОТАЦИЯ

В выпускной квалификационной работе на тему «Технологическая схема производства геодезических работ для обеспечения проектирования и реконструкции автомобильных дорог» рассматривается технологический состав геодезических работ, выполняемых при проектировании и реконструкции автомобильной дороги.

Цель исследования: При методе полевого измерения, найти различия между измерительными системами, электронного тахеометра и мобильным лазерным сканером и определить последовательность их в применениях. Обработка результата полевых измерений в различных программных продуктах.

Выпускная квалификационная работа состоит из введения, трех глав, заключения, списка литературы и приложений.

ANOTAITION

In the final qualifying work on the theme of "Technological scheme of production of geodetic works to ensure the design and reconstruction of automobile roads" the technological composition of geodesic works carried out in the design and reconstruction of the road.

The aim of the study was to Solve the detection of differences in the method field measurement between the measuring systems, electronic total station and a mobile laser scanner and to determine the sequence in applications. Processing the result of field measurements in different software products.

Final qualifying work consists of introduction, three chapters, conclusions, list of literature and applications

ОГЛАВЛЕНИЕ

ВВЕДЕНИЕ

Путь сообщения для передвижения населения и транспорта является – дорога.

По поручению главы правительства РК была разработана государственная программа на развитие страны на ближайшие годы. На основании этой программы, в транспортной отрасли будут реализованы 57 проектов на общую сумму 24 трлн. тенге (чтобы сумму получить в рублях, делим курс рублей).

Из них 6 проектов вошли в базовую карту индустриализации страны. 3 – проекта автомобильной отрасли, 2 – проекта железнодорожной отрасли, 1 – проект гражданской авиации.

На сегодняшний день состояние дорог – плохое, изношенное покрытие. Это проблема становится из – за года в год, все более и более актуальной темой. Это проблема актуально и решаема:

– во-первых, правительство, должно организовать выезды в города и села, для проведения опроса населения, и обследования состояния дорог.

– во-вторых, после обследования, провезти ряд анализов подотчетов, и выделить денежные средства для капитального ремонта или реконструкции дорог из республиканского бюджета, для реализации проектирования и строительство автомобильных дорог. Для улучшения транспортной инфраструктуры и для обеспечения безопасных передвижения людей на автомобиле и других транспортных средствах.

Совокупность всех немало важных сооружении:

– индивидуальные дорожные знаки;

– малые искусственные сооружения;

– пересекаемые наземные и подземные коммуникации;

– автобусные остановки и другие сооружения.

Все выше перечисленные сооружения, прилегающие к автомобильной дороге, можно обозначить как транспортная инфраструктура. Эти все сооружения связаны между собой, и служат для обеспечения безопасного движения транспорта с нагрузками, габаритами и расчетными скоростями.

Целью выпускной квалификационной работы, является разработка состава инженерно-геодезических работ, наиболее оптимального для проектирования и строительства автомобильной дороги IV технической категории ВКО Кокпектинского района. Исследование по усовершенствованию методов изыскательских работ, с применением современного оборудования. Руководствуясь нормативными документами, провезти ряд обследования для проектирования реконструкции, данной автомобильной дороги. Реконструкция разрушенного участка необходима, для передвижения населения и транспорта, а также строительства промышленных предприятий (Мясоперерабатывающего комбината). Так как, на территории ведутся работы по улучшение инфраструктуры ВКО Кокпектинского района.

С технической точки зрения цель реконструкции данного разрушенного участка – довести параметры существующих норм и требований, а именно:

– СНиП 3.03-9-2006 «Автомобильные дороги»[12];

– СН РК 3.03-19-2006 «Проектирование дорожных одежд нежесткого типа»[13];

– СНиП 2.05.03-84* Мосты и трубы[14];

– СТ РК 1380-2005 «Нагрузки и воздействия, а также экологическому Кодексу РК и иным требованиям СНиП»[15].

Цель исследования: при выполнении полевых измерений найти различия между измерительными системами электронного тахеометра и мобильным лазерным сканером и определить последовательность их применения. При обработке результатов полевых измерений в различных программных продуктах определить последовательность в применениях.

Задача исследования: рассмотреть виды и состав геодезических работ при строительстве и реконструкции автомобильных дорог.

В процессе написания диссертациипоказать методы последовательностьи выполнения работ по изысканию и проектированию автомобильной дороги IV технической категорий.

1 СОВРЕМЕННОЕ СОСТОЯНИЕ ИНЖЕНЕРНО-ГЕОДЕЗИЧЕСКИХ РАБОТ ПРИ ПРОЕКТИРОВАНИИ, СТРОИТЕЛЬСТВЕ И ЭКСПЛУАТАЦИИ АВТОМОБИЛЬНЫХ ДОРОГ

1.1 Общее сведения и анализ о трассировании линейных сооружений

В условиях стремительно развивающейся индустрии автоматизированного проектирования инженерных сооружений с одной стороны и значительного усиления фактора влияния цены земли на стоимость строительства – с другой, фактор усиления объективизации принимаемых решений при выборе трассы становится ведущим в решении проблемы ресурсосбережения в строительстве. Таким образом, ресурсосбережения эффективность решения этой проблемы, при проектировании и строительстве инженерных линейных сооружений (автомобильных дорог, железных дорог, линий электропередачи и связи, нефтепроводов и газопроводов и т.д.) связана с оптимальным пространственным положением трассы проектируемого сооружения. Однако генерация и сопоставление альтернативных вариантов трассы по экономическому параметру X недоступно для непосредственного измерения и может оцениваться только косвенно по результатом данных значений параметров свойств ПИОМ путем геодезических измерений в пространстве некоторых величин $У$ являющихся функцией параметра X. Следовательно, оптимальный вариант трассы, соответствующий экономическому критерию, может быть выявлен только в процессе сравнения альтернативных вариантов проекта инженерного сооружения, что не входит в функцию инженерных изысканий.

Пространственное положение линейных сооружений в традиционном технологическом процессе разработки проекта определяется на стадии инженерных изысканий.

При проектировании трасс инженерных сооружений, очевидно, необходимо предусмотреть влияние на такие сооружения геодинамических процессов – как локальных, так и региональных явлений.

К основным элементам трассы можно отнести:

– план местности;

– проекция трассы на горизонтальную плоскость;

– продольный профиль вертикальный разрез по оси дороги;

– поперечный профиль (разрез поперек дороги).

В плане трасса состоит из прямолинейных и криволинейных участков определенных радиусов горизонтальных кривых. В продольном профиле трасса состоит из линий различного уклона, которые соединяются между собой вертикальными кривыми. Продольный профиль используется для разработки проекта расстановки опор вдоль представленной трассы, для расчета и расстановки насосных станций на трассах трубопроводов, или для расчета объемов работ при дорожных изысканиях и так далее[4].

1.2 Классификация автомобильных дорог

Геодезические работы при строительстве дорог начинают с детальной разбивки её оси по материалам предыдущего трассирования. При этом восстанавливают утраченные пикеты, углы поворота и главные точки круговых кривых. Выполняют детальную разбивку кривых одним из известных способов. Кроме того, производят контрольное нивелирование по пикетажу и плюсовым точкам, разбивают, при необходимости, дополнительные поперечные профили. После выполнения указанных работ трассу окончательно закрепляют на местности знаками, располагаемыми вне зоны земляных работ, и сгущают сеть рабочих реперов из расчета: 1 репер на 4-5 пикетов. В зависимости от условий местности и положения проектной линии трассы выполняют разбивку земляного полотна дороги для различных случаев положения проектного и поперечного профилей трассы. Разбивка земляного полотна производится с учётом обустройства проезжей части, обочин, откосов и кюветов, соблюдением проектных уклонов в продольном и поперечном направлениях. Поперечные уклоны необходимы для обеспечения отвода воды в том и другом направлении от оси дороги либо в одном каком – либо направлении, а также для обеспечения необходимой устойчивости движущегося на закруглениях транспорта. Поперечные уклоны не должны отличаться от проектных не более, чем на 0,030.

Исполнительная геодезическая съёмка выполняется после возведения земляного полотна и после окончательного строительства дороги.

Нормы проектирования автомобильных дорог. Основными нормативными документами на проектирование автомобильных дорог являются: строительные нормы и правила Республики Казахстан СНиП 3.03-09-2006 год [12]; СНиП РК3.03-09-2003 Автомобильные дороги[1].

В проектах реконструкции существующих дорог при несении изменений в расположение дороги или ее частим в плане необходимо предусматривать технические решения по использованию этих участков дорог для размещения сооружений обслуживания движения, а при отсутствии необходимости в них – по приведению земель в состояние, пригодное для использования по назначению, с дальнейшей передачей этих земель соответствующим землепользователям или землевладельцам в порядке, определенном земельном законодательством. При необходимости проект может предусматривать стадийное строительство дороги и дорожных сооружений о мере роста интенсивности движения транспортных средств. Для автомобильных дорог I категории в горной и пересеченной местности следует, как правило, предусматривать раздельное трассирование проезжих частей встречных направлений движения с учетом стадийного увеличения числа полос движения и сохранения крупных самостоятельных форм ландшафта и иных природных достопримечательностей. Трассу автомобильных дорог I-IIIкатегорий следует, как правило, прокладывать в обход населенных пунктов с устройством подъездов к ним. Расстояние от бровки земляного полотна до линии застройки населенных пунктов следует принимать в соответствии с их генеральными планами, но не менее 200м.

Расчетные скорости, нагрузки и габаритные размеры подвижного Состава. Для проектирования элементов плана, продольного и поперечного профилей, а также других элементов дороги необходимо знать расчетную скорость движения автотранспорта.

Под расчетной скорости следует принимать наибольшую возможную скорость движения одиночного автомобиля по условиям устойчивости и безопасности при нормальных условиях погоды и сцепления шин автомобиля с поверхностью проезжей части.

Расчетная скорость (км/час) регламентируется СНиП 3.03-09-2006 [12] в зависимости от категории и типа дороги (основная расчетная скорость) и в зависимости от сложности участков дороги (допускаемая расчетная скорость).

Основные расчетные и допускаемые скорости движения автомобилей приведены в таблице 1.

Таблица 1

Категория дороги	Расчетные скорости, км/ч		
	Основные	допускаемые на трудных участках	
		пересеченной	горной
IA	150	120	80
I Б	120	100	60
II	120	100	60
III	100	80	50
IV	80	60	40
V	60	40	30

К трудным участкам пересеченной местности относится рельеф, прорезанный часто чередующимися глубокими долинами, с разницей отметок долин и водоразделов более 50 м на расстоянии не свыше 0,5 км, с боковыми глубокими балками и оврагами, с неустойчивыми склонами. К трудным участкам горной местности относятся участки перевалов через горные хребты и участки горных ущелий со сложными сильноизрезанными или неустойчивыми склонами.

При наличии вдоль трассы автомобильных дорог капитальных дорогостоящих сооружений и лесных массивов, а также в случаях пересечения дорогами земель, занятых особо ценными сельскохозяйственными культурами и садами, при соответствующем технико-экономическом обосновании допускается принимать расчетные скорости, установленные скорости в таблице 1 для трудных участков пересеченной местности.

Расчетные скорости на смежных участках автомобильных дорог не должны отличаться более чем на 20%.

При разработке проектов реконструкции автомобильных дорог по нормам IБ, IВ и II категорий допускается при соответствующем технико-экономическом обосновании сохранять элементы плана, продольного и поперечного профилей на отдельных участках существующих дорог, если они соответствуют расчетной скорости, установленной для дорог III категорий; а по нормам III, IV категорий соответственно на категорию ниже.

При проектировании подъездных автомобильных дорог к промышленным предприятиям по нормам IВ и II категорий при наличии в составе движения более 70% грузовых автомобилей или при протяженности дороги менее 5 км следует принимать расчетные скорости, соответствующие III категории.

Основные расчетные скорости относятся к участкам трассы, на которых геометрические характеристики являются руководящими.

Нагрузку на одиночную наиболее загруженную ось двухосного автомобиля для расчета прочности дорожных одежд, а также для проверки устойчивости земляного полотна следует принимать для дорог:

- I – II категорий – 115 кН (11,5 тс);
- III – IV категорий – 100 кН (10 тс);
- V категории – 60 кН (6 тс).

При изысканиях, проектировании, строительстве и эксплуатации автомобильных дорог и сооружений на них мероприятия по охране окружающей среды нормируются действующими нормативными документами.

При размещении автомобильной дороги и сооружений на ней определение местоположения трассы осуществляют на основе рассмотрения и сравнения альтернативных вариантов, включая вариант отказа от строительства. Материалы сравнения должны быть достоверны и обоснованы с учетом взаимосвязи различных экологических, экономических и социальных факторов.

При сравнении вариантов размещения автомобильной дороги следует учитывать возникающее в результате его осуществления перераспределение движения по участкам сети автомобильных дорог, уменьшение экологической нагрузки на звенья сети, на которых снижается интенсивность движения, и улучшаются дорожные условия. В первую очередь эти факторы надлежит рассматривать при планировании и проектировании обходов населенных пунктов, улучшения плана и продольного профиля дорог, мероприятий по совершенствованию транспортно-эксплуатационного состояния дорог. При сравнении вариантов с различными показателями, следует учитывать затраты на строительство автомобильной дороги и сооружений на ней, на последующие работы по содержанию, ремонту и реконструкции автомобильной дороги, транспортно-эксплуатационные расходы, расходы на осуществление природоохранных мероприятий, компенсацию экологического и иного ущерба и т.д. в течение всего периода сравнения с учетом дисконтирования затрат, а также факторы, не поддающиеся стоимостной оценке.

Трассы вновь проектируемых дорог следует прокладывать с учетом экологической значимости природных объектов по наименее ценным земельным угодьям, предпочтительно по границам ландшафтов севооборотов или хозяйств. По лесным массивам трассы автомобильных дорог рекомендуется прокладывать по возможности с использованием просек и противопожарных разрывов, границ предприятий и лесничеств с учетом категорий и групп лесов. Оценка воздействия строительства автомобильной дороги на окружающую среду (далее ОВОС) и ее государственная экологическая экспертиза, как правило, производится на стадии разработки предпроектной документации. При ОВОС определяются вероятные источники и факторы влияния дороги и сооружений на ней на окружающую среду, возможные воздействия этих источников и факторов влияния, (в первую очередь неблагоприятные), оцениваются экологические последствия этих воздействий, разрабатываются с учетом мнения заинтересованных органов, организаций и общественных групп меры по уменьшению и предотвращению неблагоприятных воздействий на окружающую природную среду и связанных с ними социальных, экономических и иных последствий реализации проекта.

При ОВОС, как правило, в первую очередь следует рассматривать воздействия следующих источников и факторов влияния на окружающую среду, связанных со строительством и эксплуатацией автомобильной дороги и сооружений на них:

– воздействие автомобильного транспорта, в том числе загрязнение воздушной среды продуктами сгорания топлива при движении транспортных средств, загрязнение почв, в том числе соединениями тяжелых металлов, шумовое воздействие от движущегося автотранспорта, загрязнение придорожной полосы бытовым мусором, воздействие на растительность и животный мир движущегося автотранспорта, влияние движения автомобильного транспорта на условия и качество жизни населения, проживающего в придорожной полосе, изменение количества и тяжести дорожно-транспортных происшествий, вибрации зданий и сооружений;

– воздействие автомобильной дороги как инженерного сооружения, в том числе расчленение в результате строительства или реконструкции дороги ценных ландшафтов, лесных и сельскохозяйственных угодий, отрицательное влияние на места массового обитания и размножения диких животных, птиц, обитателей водной среды, на сложившиеся пути миграции животных, воздействие на водоохранные, рекреационные и селитебные зоны, природные феномены, переформирование рельефа, возникновение оползней, осыпей, сплывов, других видов подвижек земляных масс вследствие их подрезки в процессе строительных работ, изменение условий поверхностного водного стока, эрозия земель вследствие концентрации водных потоков искусственными сооружениями, кюветами и канавами, изменение условий протекания и уровня грунтовых вод, осушение, обводнение и переувлажнение почв, изменение гидрологического режима болот, приводящих к негативному влиянию на экосистемы, изменение термического режима вечной мерзлоты, изменение условий землепользования, изъятие и возврат в хозяйственный оборот земель, а также плодородного слоя почвы, необходимость сноса зданий и сооружений, переселения людей, связанного со строительством автомобильной дороги, возможное нарушение памятников природы, истории и культуры, включая археологические памятники;

– воздействие автомобильной дороги, как элемента инфраструктуры, в том числе нарушение путей сообщения местного населения, изменение условий их связи с культурными и административными центрами, увеличение времени на дорогу к местам работы и отдыха, ухудшение условий движения для сельскохозяйственной техники, гужевого транспорта, пешеходов, велосипедистов, прогона скота, условий развития экономики в районе тяготения дороги, конкурентоспособности местной продукции, изменение занятости населения, нарушение среды проживания малых народов, изменение условий медицинского обслуживания;

– технологические воздействия в период строительства автомобильной дороги, в том числе загрязнение воздушной среды, почв, водной среды продуктами сгорания топлива и производственным шумом при движении дорожных машин и работе асфальтобетонных, цементобетонных заводов и других притрассовых дорожно-строительных предприятий, загрязнение территорий вблизи временных баз строительных организаций мусором, бытовыми отходами, усиление наносов и заиливание русел водотоков, изменение водного режима в результате размывов в местах строительства, неукрепленного земляного полотна, а также при строительстве мостовых сооружений;

– технологические воздействия при содержании автомобильной дороги, в том числе загрязнение воздушной среды, почв, вод при работе дорожно-эксплуатационной техники, предприятий дорожно-эксплуатационной службы и хранения материалов, используемых при содержании автомобильных дорог и дорожных сооружений, загрязнение почв и вод противогололедными материалами и при ликвидации нежелательной растительности.

Вновь проектируемые дороги I – III категорий следует, как правило, прокладывать в обход населенных пунктов с устройством подъездов к ним. При строительстве обходов населенных пунктов их трассы следует прокладывать по возможности с подветренной стороны, ориентируясь на преобладающее направление ветра в особо неблагоприятное по загрязнению воздушной среды время года. В целях обеспечения дальнейшей реконструкции дорог расстояние от бровки земляного полотна до линии застройки населенных пунктов следует принимать в соответствии с их генеральными планами.

1.3 Инженерно – геодезические изыскания для строительства, реконструкции и капитального ремонта

Основа топографической съемки – чертеж, предназначенный для определения точных данных о сооружениях, строениях, растительности и рельефе на местности. Пакет документов по топографической съемке включает в себя ведомость согласования надземных, подземных и наземных коммуникаций, подписанную определенными органами исполнительной власти.

Инженерно-геодезические работы являются чрезвычайно важной и неотъемлемой частью комплекса работ по изысканию, проектированию и строительству сооружения, трасс.

Инженерно-геодезические изыскания, для реконструкции и капитального ремонта автомобильных дорог следует выполнять в порядке, установленном законодательством РК и в соответствии с требованиями государственных стандартов и нормативных документов.

В соответствии с СНиП РК 1.02-18 (3.3) [17] при инженерно-геодезических изысканиях для реконструкции и капитального ремонта автомобильных дорог выполняются:

– сбор и обработка материалов инженерных изысканий: топографо-геодезических, и картографических, аэрофотосъемочных, других материалов и данных;

– камеральное трассирование и предварительный выбор участков спрямлений, обходов и вариантов изменения кривых и уклонов продольного профиля для выполнения полевых работ и обследований автомобильных дорог, обследование участков реконструированных искусственных сооружений: удлинение или замена отверстий водопропускных труб, мостов, конструкций подпорных стенок и т.д.

– полевое трассирование;

– съемки существующих автомобильных дорог, составление продольных и поперечных профилей, пересечений: линий электропередачи (ЛЭП), линий связи, объектов радиосвязи, радиорелейных линий и магистральных трубопроводов, железнодорожных переездов;

– координирование основных элементов сооружений и наружные обмеры сооружений.

Инженерно-геодезические изыскания выполняются как самостоятельный вид изысканий в комплексе с другими видами инженерных изысканий в том числе:

– инженерно-геологическими;

– инженерно-гидрометеорологическими;

– инженерно-экологическими изысканиями;

– изысканиями грунтовых строительных материалов;

– источников водоснабжения на базе подземных вод.

При инженерно-геодезических изысканиях для реконструкции и капитального ремонта выполняются следующие виды т комплексы работ:

– создание опорной сети при всех видах топогеодезических работ или восстановление существующей сети до требуемой кондиции;

– мензульная и тахеометрическая съемка для создания планов в масштабе 1:2000 по существующим автомобильным дорогам с нанесенными на них трассами проектируемых спрямлений, кривых увеличенного радиуса, участков размещения реконструированных и новых искусственных сооружений, участков переноса и обхода отдельных участков автомобильных дорог;

– нивелирование по существующим автомобильным дорогам и по трассам проектируемых спрямлений, кривых переносов, обходов, коммуникации, участков смягчения уклонов, протяженных сооружений;

– съемка до разведанных и вновь открываемых земляных карьеров и месторождений местных строительных материалов, привязка всех выработок, пройденных в процессе инженерно-геологических изысканий;

– съемка поперечных профилей реконструируемого и нового земляного полотна в масштабах горизонтальном 1:500,1:200; вертикальном – 1:200,1:100;

– составление продольных профилей по осям удлиняемых, переустраиваемых и вновь проектируемых искусственных сооружений, по осям лотов, понижений масштабов: для планов – 1:500, 1:200: для профилей – 1:200,1:100;

– краткое конструктивно-техническое описание искусственных сооружений различного назначения, их состояния;

– комплекс гидрографических изысканий по уточнению ранее выполненных работ к расчету площадей бассейнов водосборов и расходов, уточнения отверстий реконструируемых и вновь проектируемых искусственных сооружений;

– составление схем конструкции мостов, подлежащих реконструкции;

– составление схем конструкций тоннелей и их обустройств на переустраиваемых участках;

– необходимый объем вычислительных и других работ для предварительной оценки качества и точности инженерно-геодезических работ.

Инженерно-геодезические изыскания для реконструкции и капитального ремонта автомобильных дорог выполняются в объеме и с точностью измерений, как и для новых автомобильных дорог с соблюдением требований стандарта СНиП РК 1.02-18 [17].

2 КОМПЛЕКС ИНЖЕНЕРНО-ГЕОДЕЗИЧЕСКИХ РАБОТ ПРИ ПРОЕКТИРОВАНИИИ РЕКОНСРУКЦИИ АВТОМОБИЛЬНОЙ ДОРОГИ КОКПЕКТИНСКОГО РАЙОНА ВКО РК

2.1 Физико-географическое описание района выполнения работ

Существующая дорога является транспортной связью районного центра, с.Кокпекты, с населениями пунктами Кокпектинского района. Отсутствие ремонта дороги привело к разрушению дорожного покрытия на большом протяжении дороги. Особенно крупные разрушения дорожной одежды отмечены на участке от 0км до 14км. Карта – схема транспортной сети в соответствии с рисунком 1.

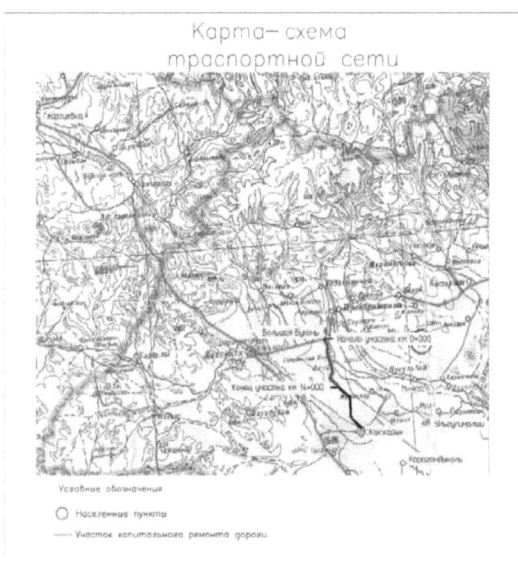

Дорожно-климатическая зона – IV. Самый холодный январь месяц, средняя температура – 23,5°C. Самый жаркий июль месяц, средняя температура плюс 23,7°C.

Климатические условия:
– по требованиям к дорожно-строительным материалам – суровые;
– по требованиям к материалам для бетона – суровые.

Среднегодовая температура воздуха плюс – 1,2°C. Абсолютный максимум температуры воздуха плюс 42°C. Абсолютный минимум температуры воздуха минус 50°C.

«Характерные периоды температуры воздуха» приведены таблице 2.

Таблица 2

Средняя температура периода	Данные периода		
	начало (дата)	конец (дата)	продолжительность дней
Выше 0°C	8 апреля	23 октября	197
Выше +5°C	21 апреля	8 октября	169
Выше +10°C	7 мая	22 сентября	137

Расчетный объем снегопереноса – 250 м^3/м. Нормативная глубина промерзания грунта (см):

– суглинки и глины – 204;

– супеси, пески мелкие и пылеватые – 249;

– пески средние, крупные и гравелистые – 267;

– крупнообломочные грунты – 302.

Среднегодовое количество осадков – 330мм, в зимний период – 187мм.

Толщина снежного покрова с 5% вероятностью превышения – 40см.

Климатические параметры холодного периода года:

– количество дней с гололедом – 2;

– с градом – 1;

– с туманами – 22;

– с ветрами свыше 15м/с - 30 дней.

Схематично показано направления ветра в соответствии с рисунком 2.

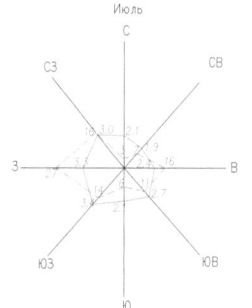

Июль

Штиль – 38

------ Повторяемость ветра в %
м-б: в 1 см 5%
——— Скорость ветра средняя м/с
м-б: в 1 см 1 м/с

Розы ветров (Кокпекты)

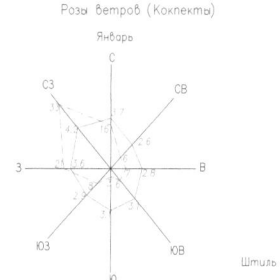

Январь

Штиль – 17

Рельеф и гидрография. Район ремонтируемой автодороги расположен в пределах восточной окраины Казахского мелкосопочника. В геоморфологическом отношении район представляет собой аккумулятивную равнину с абсолютными отметками от 300 до 500м. Гидрографическая сеть района представлена рекой Большая Буконь, протекающей на расстоянии от 1 до 3км слева от ремонтируемого участка. Вода реки не агрессивна по отношению к бетону и может использоваться в строительстве. Река снежно-родникового питания. Половодье на реке начинается в апреле – мае. На равнинной территории летние осадки обычно не принимают участия в питании реки и не оказывают существенного влияния на ее режим. На своем протяжении трасса пересекает ряд суходолов, вода в которых течет в весенне-осенний период.

Геологическое строение. В геологическом строении района принимают участие нерасчлененные аллювиально-пролювиальные отложения, четвертичного возраста, представленные суглинками с примесью гравия, гравийно-галечниковыми грунтами и песками крупнозернистыми, а также интрузивные скальные грунты основного состава, представленными габбро – диоритами. Группа грунта по трудности разработки машинами и механизмами по СН РК 8.02-05-2002«Сборник сметных цен на строительные материалы, изделия и конструкции»отнесена к суглинкам гравелистым [18].

Участок проектируемых работ расположен в пределах Зайсанского артезианского бассейна. Водоносными породами являются известковые песчаники трещиноватые, реже трещиновато – раскарствованные. Воды бассейна залегают на глубине от 50 до 150 м. В ходе инженерно-геологических изысканий подземные водоносные горизонты не вскрыты. Опасные физико-геологические явления отсутствуют.

Почвы и растительность. Основным типом почв на территории района являются, предгорные темно-каштановые, местами с горно-каштановыми, почвы. Не возделываемые участки территории представляют собой выгоны с бедной степной и горной растительностью, представленные полынно-типчаковыми и полынно-ковыльными видами растительности. Мощность почвенно-растительного слоя здесь не превышает 0,15м и характеризуется незначительным содержанием гумуса. В пониженных формах рельефа мощность почвенно-растительного слоя увеличивается до 0,60м.

Основной растительностью района являются кустарники. Древесная растительность отмечена только в местах с постоянным водотоком (поймах рек) и близ самоизливающихся артезианских скважин

Источники водоснабжения. Для технических нужд капитального ремонта используется вода реки Большая Буконь. Для питьевых целей – вода колодцев в сёлах Большая Буконьи Кокжайык.[24]

2.2 Топографо-геодезическая изученность района выполнения работ

Инженерные изыскания проводила ТОО Проектная фирма «Жана Жол» ВКО г. Семей имеющая лицензию на проведение данного вида работ государственная лицензия № 08 «Серия ГСЛ № 002423».

На основании договора с ГУ «Отдел ЖКХ, пассажирского транспорта и автомобильных дорог Кокпектинского района «Большая Буконь» ТОО Проектная фирма «Жана Жол» во II квартале 2016г. были проведены инженерные изыскания в Кокпектинском районе по данному разрушенному участку.

В ходе обследование, состояние дороги выглядела очень критично. Отсутствие ремонта течений долгого времени и увеличения интенсивности как легковых, так и большегрузных автомобилей привели состояние дороги к плачевному состоянию, в связи, с чем данная автодорога нуждается в назначении капитального ремонта. Так же на участке имеются искусственные сооружения в неудовлетворительном состоянии.

На данную территорию местности заказчиком не было представлено:

– топографические карты или планы;

– фотопланы (аэро – и космофотопланы);

– сведения о геодезических сетях (типы центров и наружных знаках);

– сведения о возможности их использования на основе результатов оценки;

– наименование организации – исполнителей карт (планов), времени и методах их создания, технических характеристик геодезических, картографических, топографических материалов;

– каталогов координат и высот исходной опорной геодезической сети;

– схем (планов) карточек закладок исходной опорной геодезической сети;

– сведения о кадастрах и геодезических сетях.

В результате того, что заказчиком не было представлено, ни каких исходных геодезических материалов, то было принято решение создать собственную опорную геодезическую сеть и сеть сгущения. Для чего и было принято решение, принять условную систему координат и условную систему высот.

2.3 Проектирование продольного и поперечного профиля автобильной дороги IV технической категорий Кокпектинского района

При проектировании продольного профиля были приняты исходные данные, для нанесения проектной линии. Приняты следующие предельно допустимые значения параметров для дорог IV технической категории по СНиП РК 3.03-09-2006 [12]:

– расчетная скорость – 80км / час;

– наибольшие продольные уклоны – 60‰;

– наименьшие расстояния видимости:

  а) для остановки – 150м;

  б) встречного автомобиля – 250м.;

– наименьшие радиусы кривых в плане – 300м;

– наименьшие радиусы кривых в профиле:

  а) выпуклых – 5000м

  б) вогнутых – 2000м

– контрольные точки:

  а) возвышение бровки насыпи (0,50м) над расчетным уровнем снегов покрова (0,40м) $h_{бр} = 0,90$м, в пересчете на ось $h_{min} = 1,03$м;

  б) бровка насыпи над искусственными сооружениями.

Проектная линия продольного профиля запроектирована в условных отметках по оси проезжей части и с учетом толщины дорожной одежды, принятой в проекте. Фрагмент выполненного чертежа продольного профиля в соответствии с рисунком А1 (приложение А).

Основные показатели продольного профиля:

– наибольший продольный уклон на прямом участке – 25‰;

– протяжение прямого участка с наибольшим уклоном – 75м;

– протяжение проектной линии в насыпях – 14км.

При проектировании поперечного профиля, отсыпанное из боковых резер-

28

вов существующее земляное полотно, находится в удовлетворительном состоянии. Проектом предусмотрено использование существующего земляного полотна в полном объеме.

Проектная ось дороги проложена таким образом, чтобы максимально сохранить насыпь существующей дороги. Поперечный профиль земляного полотна принят по типовому проекту ТП 503-0-48.87 «Земляное полотно автомобильных дорог общего пользования» [19].

Тип 1 – насыпи высотой до 2м с боковыми, резервами с заложением откосов 1:3.

Тип 3 – насыпи высотой до 6м без боковых резервов, с заложением откосов 1:1,5.

Грунт от срезки верхней части земельного полотна используется для уплотнения откосов. Грунт существующей насыпи рыхлится бульдозерами-рыхлителями и перемещается на откос. Досыпка земельного полотна производится, также из грунта бесхозных выработок на ПК 42+00.

Разработка грунта в выработках ведется экскаватором, вместимость ковша которого 1м^3, с погрузкой в автосамосвалы. Грунт транспортируется на трассу на расстояние до 9км (среднее по трассе).

При досыпке откосов земляного полотна по откосам, нарезаются уступы существующей насыпи. Высота уступов должна быть от 20 до 30 см, уклон – 20‰, ширина не менее 1м. Уступы для последующего слоя нарезаются одновременно с планировкой предыдущего слоя.

На участке трассы, где намечено спрямление, насыпь существующей дороги рыхлится и перемещается бульдозерами 108л.с. в насыпь проектируемого участка.

К отсыпке последующего слоя можно приступать только после уплотнения предыдущего слоя до коэффициента к$_{упл}$= 0,95, толщина слоя не должно превышать 15,см. Уплотнение грунта производится при оптимальной влажности.

Окончательная планировка поверхности полотна с поперечными уклонами производится, после окончания отсыпки насыпи, принятыми в проекте – 20‰, и до уплотнения поверхностного слоя. Перед устройством дорожной одежды, необходимо устранить все нарушения поверхности земельного полотна, вызванные построечным транспортом и атмосферными осадками. Грунт, ранее снятый с откосов, надвигается обратно на поверхность откосов насыпи. Площадь откосов укрепляется посевом многолетних трав с внесением удобрений и поливом посевов до их укоренения.

Площади нарушенных земель, занятых под строительные площадки, объездную дорогу, грунтовые резервы и бесхозные выработки, рекультивируются в два этапа:

– технический;

– биологический.

При техническом этапе производится уплотнение откосов до отношения 1:6 и планировка поверхности со срезкой неровностей и засыпкой ям. При биологическом этапе производится боронование участка.

Всего профильный объем насыпи составляет – 31 889м^3.

Всего объем оплачиваемых работ составит – 31 889м^3.

В том числе:

– бульдозерных – 9 933м^3;

– экскаваторных – 21 956м^3.

Фрагмент выполненного чертежа продольного профиля в соответствии с рисунком Б1 (приложение Б).

2.4 Организация реконструкции автомобильной дороги

В основу организации проектных и строительных работ, по капитальному ремонту и реконструкции, покрытия дороги принята нормативная документация:

– «Сборники типовых технических спецификаций по строительству и ремонту дорог», утвержденные Комитетом по делам строительства МИТ РК в 2003 г.[20];

– СНиП 3.01.01-85 «Организация строительного производства»[21];

– СН РК 8.02-05-2002, сборники № 1; № 7; № 30[22];

– СН РК 8.02-04-2002 «Сборник сметных цен на строительные материалы, изделия и конструкции» [18].

За счет средств республиканского бюджета осуществляется, реконструкция автомобильной дороги.

Подрядная организация будет определена по результатам тендера на реконструкции дороги.

Район разрушенного участка, относится к IV дорожно-климатической зоне.

Продолжительность ремонтных работ определена по СНиП 1.04.03-85 «Нормы продолжительности строительства» [23], с учетом трудозатрат, определенных по сметным нормам, и составляет – 6 месяцев.

Материалы, необходимые для реконструкции дороги, доставляются согласно «Ведомости источников получения и способов транспортировки ДСМ», согласованной с заказчиком:

По железной дороге до станции Жангизтобе:

– из Алматы – железобетонные конструкции водопропускных сооружений;

– с НПЗ г. Омска – битум дорожный жидкий и вязкий.

Автотранспортом на трассу:

– с АБЗ с. Георгиевка – холодный асфальтобетон и черный щебень;

– из бесхозных выработок – песчано-гравийная смесь и грунт для земляного полотна;

– из карьера Суук Булак – щебень фракционированный;

– из реки Большая Буконь – вода для технических нужд;

– из колодцев с. Большая Буконь – вода питьевая;

– из г. Семей – знаки дорожные;

– из г. Усть-Каменогорск – фондируемые материалы.

«Ведомость источников получения и способов транспортировки ДСМ» в соответствии с таблицей В1 приложение В. Схема транспортировки дорожно-строительных материалов в соответствии с рисунком 3.

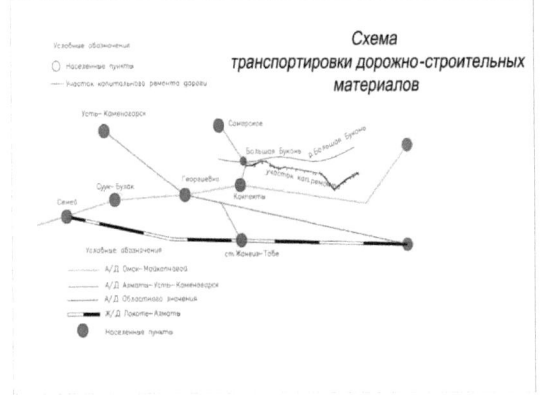

Схема
транспортировки дорожно-строительных
материалов

Использование местных строительных материалов. Проектом предусматривается использование материала от разборки существующей дорожной одежды в нижнем слое основания и грунта от срезки насыпи и грунтового резерва для досыпки насыпи и уплотнения откосов, а также использование песчано-гравийного материала бесхозных выработок для устройства нижнего слоя основания и досыпки земляного полотна.

Перед самым началом работы, при реконструкции дорожной одежды необходимо:

– произвести геодезические работы по восстановлению и закреплению оси трассы и элементов дороги;

– произвести расчистку территории;

– произвести снятие почвенного слоя;

– устроить объездные дороги;

– устроить строительные площадки;

– подготовить помещения для рабочих, ИТР, приобъектные жилищно-бытовые и производственные помещения;

– помещения для автотранспорта, ГСМ и дорожной техники;

– проверить исправность дорожной техники и автотранспорт;

– подготовить, механизаторов и кадры рабочих, и многое другое;

– заготовить строительные материалы и металлоконструкции;

– поставить временные знаки на период работы на дорогах.

На основании полевых изысканий были выявлены следующие виды дефектов автомобильной дороги: Несоответствие с требованиями СНиП РК 3.03-09-2003 [1]: радиусов кривых в плане, ширина проезжей части не соответствует. Так же на проезжей части были обнаружены такие дефекты как: ямочность, колейность, волнистость, густая сетка трещин.

В ходе инженерно-геологических изысканий были проведены обследования существующего земляного полотна и дорожной одежды.

В ходе геологических работ для определения грунтового состава и определения физико-механических свойств насыпи существующей автомобильной дороги. По телу насыпи было пройдено 8 поисково-разведочных скважин, глубиной по 2.0м. Для определения геолого-литологического состава в местах расположения искусственных сооружений было пройдено 5 скважин глубиной по 4м. Также для уточнения было пройдено 8 шурфов и прикопок.

После завершения обследований и отбора образцов грунтов, для лабораторных исследований, все геологические выработки были ликвидированы.

Существующее земляное полотно отсыпано, из боковых резервов на всем протяжении за исключением участков на подходах к трубам и выходов скальных пород на дневную поверхность (ПК 108 – 110 и ПК 116+50 – 117+50). Насыпь земляного полотна находится в удовлетворительном состоянии и пригодна для дальнейшей эксплуатации. Грунт земельного полотна – суглинок с включением гравия. В результате лабораторных исследованиях выявляется, что грунты в рабочем слое насыпи находятся в достаточно уплотненном состоянии в пределах норм допустимых СНиП РК 3.03-09-2006«Автомобильные дороги» [12].

Ширина земляного полотна между 10 м и 14 м. Откосы и кюветы, густо заросшие мелкой степной растительностью.

Существующая дорожная одежда состоит из верхнего и нижнего покрытия и верхнего и нижнего основания.

Покрытие представляет собой битумоминеральную смесь, уложенную способом смешения на дороге. Толщина покрытия составляет от 5 до 8см, ширина проезжей части от 6,50 до 7,00м. На всем протяжении автомобильной дороги отмечено чередование следующих видов дефектов асфальтобетонного покрытия: ямочность, кромочность, густая сетка трещин, а также колейность и волнистость. Основанием дорожной одежды служит гравийный материал, толщина материала

от 10 до 12см. Практически на всем протяжении участка отмечена снегозаносимость, при толщине снежного покрова свыше 1м, обусловленная неправильным содержанием дороги в зимний период. С проезжей части необходимо очищать снег, снежные завалины сдвигать с обочин в боковые резервы [1,3]. «Ведомость дефектов и промеров коры дорожной одежды» приведена в таблице 3.

Таблица 3

ПК+	Виды разрушений	Толщина, см покрытия основания				Ширина покрытия, м
		Левая кромка	Ось	Правая кромка	hср.	
0+20	Ямочность, кромочность, колейность, волнистость, густая сетка трещин	4/12	4/13	4/13	4.0/12.7	9.1
4+00	Ямочность, кромочность, колейность, волнистость, густая сетка трещин	4/13	4/13	4/13	4.0/13.0	6.0
7+80	Ямочность, кромочность, колейность, волнистость, густая сетка трещин	4/9	4/9	4/9	4.0/9.0	5.5
12+15	Ямочность, кромочность, колейность, волнистость, густая сетка трещин	4/11	4/10	5/11	4.3/10.7	5.8
15+90	Ямочность, кромочность, колейность, волнистость, густая сетка трещин	3/10	4/11	3/11	3.3/10.7	6.2
20+25	Ямочность, кромочность, колейность, волнистость, густая сетка трещин	4/10	5/10	4/10	4.3/10.0	6.0
25+00	Ямочность, кромочность, колейность, волнистость, густая сетка трещин	4/10	4/10	4/10	4.0/10.0	5.6
31+50	Ямочность, кромочность, колейность, волнистость, густая сетка трещин	4/11	4/12	3/11	3.7/11.7	6.7
35+90	Ямочность, кромочность, колейность,	3/10	4/10	4/10	3.7/10.0	5.4

	волнистость, густая сетка трещин					
39+78	Ямочность, кромочность, колейность, волнистость, густая сетка трещин	4/10	5/10	4/10	4.3/10.0	5.9
45+00	Ямочность, кромочность, колейность, волнистость, густая сетка трещин	5/10	6/11	5/11	5.3/10.6	5.4
49+87	Ямочность, кромочность, колейность, волнистость, густая сетка трещин	3/10	3/10	3/10	3.0/10.0	6.3
55+50	Ямочность, кромочность, колейность, волнистость, густая сетка трещин	4/15	5/15	4/15	4.3/15.0	6.3
61+00	Ямочность, кромочность, колейность, волнистость, густая сетка трещин	4/11	5/12	5/12	4.7/11.7	5.0
65+25	Ямочность, кромочность, колейность, волнистость, густая сетка трещин	4/10	4/10	4/10	4.0/10.0	5.7
70+07	Ямочность, кромочность, колейность, волнистость, густая сетка трещин	3/9	3/9	3/9	3.0/10.0	6.0
75+50	Ямочность, кромочность, колейность, волнистость, густая сетка трещин	4/10	5/10	5/10	4.7/10.0	6.7
80+00	Ямочность, кромочность, колейность, волнистость, густая сетка трещин	3/10	3/11	3/11	3.0/10.7	6.0
85+50	Ямочность, кромочность, колейность, волнистость, густая сетка трещин	4/10	5/10	5/10	4.7/10.0	5.1
90+25	Ямочность, кромочность, колейность, волнистость, густая сетка трещин	5/10	5/11	5/10	5.0/10.3	5.7
90+30	Ямочность, кромочность, колейность, волнистость, густая сетка трещин	4/11	4/10	4/10	4.0/10.3	5.7
97+30	Ямочность, кромочность, колейность, волнистость, густая сетка трещин	3/9	4/9	4/10	3.7/9.3	5.7
100+50	Ямочность, кромочность, колейность, волнистость, густая сетка трещин	4/10	5/10	4/10	4.3/10.0	5.5
105+15	Ямочность, кромочность, колейность, волнистость, густая сетка трещин	3/7	4/7	3/7	3.3/7.0	6.1
112+00	Ямочность, кромочность, колейность, волнистость, густая сетка трещин	4/8	4/8	4/8	4.0/8.0	5.5

118+00	Ямочность, кромочность, колейность, волнистость, густая сетка трещин	3/11	4/11	4/11	3.7/11.0	5.5
120+50	Ямочность, кромочность, колейность, волнистость, густая сетка трещин	4/10	5/10	4/10	4.3/10.0	5.6
126+00	Ямочность, кромочность, колейность, волнистость, густая сетка трещин	3/10	5/11	4/11	4.0/10.7	6.2
130+00	Ямочность, кромочность, колейность, волнистость, густая сетка трещин	5/11	6/12	6/12	5.7/11.7	6.3
134+90	Ямочность, кромочность, колейность, волнистость, густая сетка трещин	4/12	4/12	4/11	4.0/11.7	5.9

Примечания

1 Тип покрытия – смешение на дороге;

2 Тип основания – гравийный грунт;

3 Материал основания, в удовлетворительном состоянии и пригоден для дальнейшего использования.

Составлена «Ведомость интенсивность движения на дороге на момент обследования»предоставлена в таблице 4.

Таблица 4

Категория транспортных средств	Основные модели транспортных средств	Интенсивность движения на начало срока службы авт/сут	Суммарный коэффициент приведения S_m к расчётной нагрузке A_3	Произведение $N_i x S_i$
1	2	3	4	5
Легковые и микроавтобусы		263	0	0
Автобусы средней вместимости	ПАЗ-657	1	0,3	0,3
Автобусы большой вместимости	Икарус 260	1	0,73	0,73
Малые грузовики грузоподъемность до 2 т	Газель	5	0,01	0,05

Двухосные грузовики грузоподъемность до 5 т	ЗиЛ -130	4	0,12	0,48
Двухосные грузовики грузоподъемность до 10 т	МАЗ-53371	2	1,01	2,02
Трехосные грузовикигрузоподъемность до 10 т	КамАЗ-53208	2	0,55	1,1
Трехосные грузовикигрузоподъемность до 10 т-12т	КрАЗ-257Б₁	0	1,18	0
Двухосные грузовики с прицепом (11-11)	МАЗ-500 с прицепом МАЗ-83781	2	2,84	5,68
Трехосные грузовики с прицепом (12-11)	КрАЗ-65053 с прицепом МАЗ-83781	1	10,46	10,46
Двухосные седельные тягачи с полуприцепами (111)	МАЗ-54326 с прицепом МАЗ-93801	2	1,93	3,86
Двухосные седельные тягачи с полуприцепами (112)	Volvo-F16 с п/прицепом LAMBERT	0	8,08	0
Трактора легкие с прицепом	Беларусь	3	0,01	0,03
Трактора тяжелые с прицепом	К-702	2	0,04	0,08
ИТОГО:		288		24,79

2.5 Проектирование плана трассы автомобильной дороги

План трассы принимается к проектированию, в основном, без изменения. Проектная ось разбивается по оси проезжей части ремонтируемых участков, или предельно приближается к ней, за исключением участка ПК107+66 – ПК 110+86.В тех случаях, где проектная ось доведения до норм согласно СНиП РК 3.03-09-2003 «Автомобильные дороги»[1], было выполнено смещение на вершине угла ВУ-16 влево на 40м, относительно существующей оси. Углы поворота проектной оси обусловлены углами поворота существующей трассы. Всего трасса имеет: 22 угла поворота, из них, 11 – не разбиваемые (менее 1°) 9 – разбиты по радиусам менее 2000с переходными кривыми и 2 угла разбиты по круговым кривым с радиусами более 2000м. После полевых измерений в камеральных условиях выполнен чертеж плана трассы в программе CREDO и Autocad. Результат выполненного представлен в приложении Г.

Общее направление трассы – юго-восточное. Длина ремонтируемого участка составляет – 14км.

Для обеспечения водоотвода с поверхности дороги, в соответствии с п.5.1.12 и 5.1.13 СНиП РК 3.03-09-2006, «Автомобильные дороги» [12] принят двускатный поперечный профиль. Уклон проезжей части – 20‰, обочин – 40‰. Поперечные уклоны проезжей части на виражах приняты односкатными – 40‰. Переход от двускатного профиля к односкатному, осуществляется на длине переходной кривой принятой в зависимости от радиуса СНиП РК 3.03-09-2006 «Автомобильные дороги» [12]. «Ведомость прямых и кривых» предоставлена на плане трассы в соответствии с рисунком Г1 (приложение Г).

Искусственные сооружения на ремонтируемом участке дороги представлены железобетонными трубами. Все трубы с паводковыми водами справляются, но находятся в неудовлетворительном состоянии, требующем ремонта. Проектом предусмотрен ремонт одноочковой трубы с отверстием прямоугольного сечения 2,00 х 2,00 на ПК 87+01, и замена существующих труб из сборных и монолитных элементов, на водопропускные, для автомобильных дорог. На ПК 39+85 устраивается труба диаметром 1,00м, на ПК ПК 55+49 устраиваются трубы диаметром 1,50м, на ПК 29+82 труба отверстием 4,50 х 2,00 прямоугольного сечения. Все трубы устраиваются на фундаментах из монолитного бетона. Оголовки труб круглого сечения устраиваются из конических блоков. Местоположение труб, их размеры, заполнена «Ведомость проектируемых искусственных сооружений» и чертежи железобетонных труб в соответствии с таблицей Д1 (приложение Д).

Согласно техническому заданию и обследованию существующей дороги, проектирование новых искусственных сооружений не предусмотрено [6].

2.6 Методика выполнения полевых геодезических измерений

Строительство дорог невозможно без качественного топографо-геодезического обеспечения. Для выполнения геодезических работ все шире внедряются современные технологии: использование спутниковых приемников, электронных тахеометров, лазерных сканеров, программных продуктов повышает производительность и качество съемочных и разбивочных работ.

Перед началом проектирования автомобильных дорог проводятся инженерно-геодезические изыскания. Перед инженером геодезистом стоит задача, решить вопрос с обеспечением геодезического оборудования, при изыскании и строительства, является поиск оптимального решения при помощи вариантного проектирования и оптимизационных методов расчета.

Комплекс инженерных работ для проектирования реконструкции автомобильной дороги, включающие в себя инженерно-геодезические, инженерно-геологические, инженерно-экологические работы следует выполнять в порядке, установленном законодательством Республики Казахстан и в соответствии с требованиями государственных стандартов и нормативных документов, утвержденных и согласованных уполномоченным органом в области строительства.

Задачи топографо-геодезических изысканий:

а) рекогносцировка местности;

б) создание сети планово-высотного обоснования;

в) выполнение съемки с пременением новейшего оборудования;

г) закрепление планово высотного обаснования на местности реперам.

Рекогносцировка местности. Рекогносцировкой называется осмотр на местности и ее распознавания, точнее уточнение местоположения пункты геодезического обоснования, проверки взаимной видимости между смежниками и условий для проведения измерений.

В процессе рекогносцировки участка выполняют следующие:

– на местности определяют границы участка съемки;

– намечают места расположения точек съемочного обоснования;

– устанавливают границы участков;

– устанавливают границы рабочей площади.

Рекогносцировку рекомендуется начинать с ознакомления с участком съемки путем осмотра его с командных высот.

Создание сети планово-высотного обоснования. В плановом отношении съемочная сеть создавалась измерением горизонтальных и вертикальных углов, расстояний с использованием электронного тахеометра фирмы «Leica», с маркой прибора TCR-407 в один прием с проложением полигонометрического хода. «Ведомость вычисления прямоугольных координат пунктов привязанных полигонометрическим ходам» в соответствии с таблицей Ж1 приложением Ж.

Средняя квадратическая ошибка измерения горизонтальных углов, составляет 7". «Ведомость координат и отметок точек съемочного обоснования» в соответствии с таблицей И1приложение И. Изображения прибора тахеометр фирмы «Leica», с маркой прибора TCR-407 в соответствии с рисунком 4.

При съемке так же использовались телескопические вехи с отражателем. Высота вешек была равна от 1.6м до 4.6м. Максимальное удаление вехи от прибора 500м. Изображены вешка и отражатель в сотответствии с рисунком 5.

Длины сторон дальномером в прямом и обратном направлении. Длина хода, длина линии и их число в ходе ограничиваются в зависимости от масштаба съемки.

В высотном отношении съемочная сеть создавалась путем проложения, двойного хода геометрического нивелирования с использованием нивелир, фирмы «Leica» NA724 (измерение вертикального угла и расстояния). «Ведомость вычисления превышения и высот нивелирного хода» в соответствии с таблицей К1приложение К. Изображения прибора

нивелир, фирмы «Leica» NA724 в соответствии с рисунком 6.Для проведения съемки в масштабе 1:1 000 была принята условная система координат и условная система высот.

Вынос проектного пикетажа в натуру осуществлялся от точек съемочного обоснования полярным методом и методом прямоугольных координат. Выносимые пикеты окопаны круглой окопкой, составляется *Акт выноса пикетажа*.

Также представителю заказчика по акту сдается геодезическая сеть сгущения (станции и репера), которые в процессе строительства будут служить геодезической разбивочной основой

На каждой станции велся Абрис с указанием № снятых точек ситуации и рельефа. При обработки результатов полевых измерений используется данный абрис для составлений цифровой модели местности.

Абрис – схематический чертеж участка местности, на котором нанесены рельеф и все элементы ситуации. Фрагменты составленного абриса в соответствии с рисунком 7.

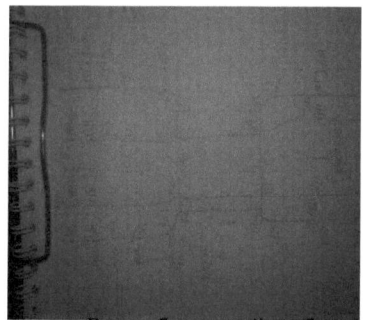

Выполнение съемки с пременением новейшего оборудования. Одновременно на этом же участке дороге Кокпектинского района. Выполнялось мобильное лазерное сканирование (МЛС). В настоящее время эта технология актуальна при инженерно-геодезических работах на автомобильных дорогах.

Ряд лабораторий мобильного лазерного сканирования успешно функционируют, выполняя работы по инвентаризации и паспортизации, земельному кадастру, исполнительной съемке. Однако их применение для целей проектирования ремонтов автомобильных дорог сдерживается отсутствием научно-обоснованных и апробированных методик выполнения работ и достаточного количества экспериментальных данных, подтверждающих то, что получаемые результаты топографической съемки посредством этих лабораторий обладают необходимой геодезической точностью:

– комплексная система определения пространственного положения лаборатории, включающая;

– датчик пройденного пути;

– блок инерциальной навигации;

– приемник спутниковой навигации GPS/ГЛОНАСС;

– система определения положения платформы автомобиля относительно;

– поверхности автомобильной дороги, встроены четыре ультразвуковых датчика;

– система съемки ситуации, включающая четыре цифровых видеокамеры, формирующих панорамный обзор полосы отвода автомобильной дороги;

– система лазерного сканирования, включающая два лазерных сканирующих дальномера, обеспечивающих фиксацию точек рельефа и ситуации в процессе движения лаборатории.

Работы по сканированию наземному сканированию производятся системой Riegl VMX-450.

В настоящее время проектирование ремонтных работ покрытия автомобильных дорог осуществляется, как правило, на основе данных топографической съемки, выполняемой традиционными геодезическими приборами (нивелиры, теодолиты, тахеометры). Плотность съемочных точек при этом получается низкой, что не позволяет выявлять в полной мере дефекты искажения геометрической формы проезжей части, возникающие в процессе ее эксплуатации (колейность, короткие и средние волны в продольном профиле, изменение уклонов по полосам движения в поперечном профиле и др.). И для этого целесообразно использовать мобильное лазерное сканирования.

Работы по сканированию наземному сканированию производились системой Riegl VMX-450. Изображение прибора в соответствии с рисунком 8.

Сканер прикреплялся на крышу автомобиля и выполнялось лазерное наземное сканирования.

Точностные характеристики оборудованиеСканер RiegVMX-450 приведены ниже в соответствии с рисунком 9.

Основные технические характеристики сканеров 2 x VQ-450

	300 kHz	400 kHz	600 kHz	760 kHz	1.1 MHz
Эффективная скорость измерений [1]	300 kHz	400 kHz	600 kHz	760 kHz	**1.1 MHz**
Максимальная дальность измерений [2]					
При коэффициенте отражения ρ ≥ 10%	300 m	260 m	200 m	180 m	**140 m**
При коэффициенте отражения ρ ≥ 80%	800 m	700 m	450 m	330 m	**220 m**
Максимальное количество отражений на каждый исходящий импульс	Практически не ограничено (дополнительные сведения по запросу)				

Минимальное расстояние	1,5 м
Точность [3,5]	8 мм
Повторяемость [4,5]	5 мм
Максимальная эффективная скорость измерений [1]	1100 тыс. изм/сек (2 x 550 тыс. изм/сек)
Линейная скорость сканирования (по выбору)	до 400 скан линий/сек (2 x 200 скан линий/сек)

1) Округленные значения, выбираемые измерительной программой.
2) Предполагаемые условия: размер цели превышает диаметр лазерного пятна при перпендикулярном угле падения луча, видимости 23 км и средней яркости солнечного света.

3) Точность - степень соответствия измеряемой величины с ее действительным (истинным) значением.
4) Уровень точности, который также называется воспроизводимостью или повторяемостью, - это способность показывать тот же результат в ходе дальнейших измерений.
5) Одна сигма в диапазоне 50 м согласно условиям испытаний RIEGL.

Производительность системы IMU/GNSS[6]

Положение (абсолютное)	станд. 20-50 мм
Положение (относительное) [7]	станд. 10 мм
Тангаж и крен	0,005°
Курс	0,015°

6) Значение одна сигма, бесперебойная работа GNSS, с учетом отсчета пути по DMI, постобработка с использованием данных базовых станций.

7) Расстояние между контрольными точками < 100 м.

Физические данные

	Основные размеры (Д x Ш x В)	Вес (прибл.)
Измерительный блок VMX-450-MH		
С антенной системы GNSS	737 x 456 x 485 мм	43 кг
Защитная крышка VMX-450	620 x 747 x 364 мм	3 кг
Блок управления VMX-450-CU	560 x 455 x 265 мм	26 кг
Крепление на крышу VMX-450-RM		
Без кронштейнов	778 x 515 x прибл. 120 мм	15 кг
Главный кабель VMX-450-MC	3 м (стандартная длина)	5 кг
Система фотокамер VMX-450-CS6	607 x 1038 x 208 мм [8]	17 кг [8]

8) Система в стандартной комплектации, состоящая из 4-х фотокамер.

Электропитание и интерфейсы

Напряжение входного питания	11-15 В постоянного тока
Потребляемая мощность	станд. 400 Вт (макс. 670 Вт) [8]
Интерфейсы	LAN, 10/100/1000 Мбит/сек.; USB 2.0; DVI; SYNC OUT (выход синхронизации) NMEA+PPS); NAV RS232 (COM системы IMU/GNSS для RTK, SBAS); Съемные жесткие диски для переноса проектных данных

На каждом этапе работы проводилась систематизация полевых материалов, создание компьютерного проекта, вычисление базовых линий по кодовым и фазовым геодезическим спутниковым наблюдениям, свободное уравнивание сети с анализом качества измерений и параметров уравнивания, трансформирование координат определяемых пунктов в заданную систему координат.

Закрепление планово высотного обаснования на местностиреперам. На данном участке были установлены устойчивые геодезические пункты (репера) и точки съемочного обоснования.

Репер − это закрепленная на местности твердая точка, для которой известна высота Н и координаты Х и Y. Репер удобен для постоянного использования и сохранения координат и высот пункта на весь период строительства. Ведомость реперов в соответствии с приложением Л.

2.7 Исследование по усовершенствованию методик выполнения полевых геодезических измерений

Целью исследования является установление различая и последовательность выполнения методов полевых измерений при неблагоприятных условиях.

При исследованиях применялось мобильное лазерное сканирование.

Выполняя полевые измерения методом мобильного лазерного сканирования, и проанализировав этот метод мною, сделаны следующие выводы.

Достоинства этого метода заключается в том, что из-за потока автомобилей геодезисту нет необходимости выходить на проезжую часть. Прибор выдает точное изображение плотности съемочного обоснования.

Недостаток этого метода заключается в том, что все возрастающая плотность транспортных потоков на автомобильных дорогах практически исключает возможность выхода геодезиста на проезжую часть для фиксации съемочных точек и составить абрис местности. Геодезист может совершить грубейшую ошибку, исключив нужные точки, но оставив ненужные. Учитывая то, что при полевом измерении участка лазерный сканер при съемке дает настолько точное изображение, что может снять даже поднявшееся пыль и принять ее за точку. Сущность данной ошибки заключается в том, что отраженный сигнал может произойти даже от поднявшейся пыли при обработке скана. Это отражение можно принять за реальное препятствие.

Отсюда следует вывод, что необходим поиск и применение таких технологий получения геодезических данных по поверхности автомобильных дорог, которые бы, с одной стороны, давали достаточно плотное облако съемочных точек с помощью МЛС, и, с другой стороны, осуществляли это при наличии транспортного потока на дороге. При этом при съемке с электронным прибором можно было составлять абрис участка, фиксируя все точки съемочного обоснования.

Поэтому перед полевым измерением с прибором МЛС необходимо, чтобы трасса была очищена от пыли. Если имеется приготовленный рабочий участок перед полевым измерениям, то можно использовать наземный сканер МЛС и ГЛОНАС(GPS) схема метода полевого измерения соответствии с рисунком 10.

Если же не была возможность очистить проезжую часть от пыли, то метод полевого измерения с прибором МЛС дополнительно используется тахеометр и нивелир (ведомый и ведущий). Для решения вышеуказанных перечисленных проблем целесообразно использовать их одновременно, что позволяет получать более достоверные отметки (отчеты) и экономия во времени схема при методе измерения в соответствии с рисунком 11.

Схема при методе полевого измерения с МЛС тахеометра и нивелира

Для решения этих проблем, одновременно с МЛС целесообразно использовать оптимальный и практичный вариант с использованием тахеометра и нивелира. Этот процесс ускорит завершение полевых измерений. Также при создании высотной съемочной сети выполнялось двойное геометрическое нивелирование. Для проложения хода использовался нивелир фирмы «Leica». Для получения более точного результата съемочного обоснования используется двойное геометрическое нивелирование (ведомый и ведущий).

Вывод. Все геодезические методы на одном участке выполнялись с целью сравнения методов и получение точного результата. Выявлено что все методы измерения (измерение с разными приборами) могут обходится без друг друга, но в некоторых случаях их необходимо использовать одновременно для экономии времени и удобства и получения точного результата.

2.8 Исследование по усовершенствованию конструкций дорожной одежды основания дороги

На основании задания, к проектированию принята усовершенствованная конструкция дорожной одежды облегченного типа. Требуемый модуль упругости $E_{тр.}$ = 151 МПа определен по расчетному суммарному количеству приложений расчетной нагрузки за срок службы конструкции дорожной одежды.

Исходные данные:

- автомобильная дорога – IV технической категории;
- дорожно-климатическая зона – IV;
- интенсивность движения на начало срока службы – N = 288 авт/сут;
- коэффициент изменения интенсивности движения – q = 1,02;
- грунт рабочего слоя земляного полотна – суглинок с включениями гравия;
- материалы основания – гравийно-песчаная смесь, щебень фракционный;
- местность по условиям увлажнению относится к 1-му типу;
- уровень надежности дорожной одежды $K_н$ – 0,85;
- коэффициент прочности $K_{пр}$ – 0,90;
- тип расчетной нагрузки – нагрузка группы А1.

Вариант № 1

1. Покрытие из холодной асфальтобетонной смеси типа $Б_х$ марки II, толщиной 7см с ШПО.

2. Основание: верхний слой из фракционированного щебня, уложенного по способу заклинки, толщиной 15см.

3. Основание: нижний слой из гравийно-песчаной смеси, толщиной 15см.

Грунт рабочего слоя земляного полотна – суглинок.

Расчет дорожной одежды на прочность произведен по СН РК 3.03-19-2006 «Проектирование дорожных одежд нежесткого типа»[13].

Грунт рабочего слоя земляного полотна – суглинок высчитываем по формуле

$$W_p = \overline{W} \times (1 + 0{,}1t),$$ (1)

$$\overline{W} = 0{,}60 - 0{,}02 = 0{,}58,$$

где 0,02 – снижение средней влажности при укреплении обочин гравийно-песчаной смесью на всю ширину обочины.

$$W_p = 0{,}58 \times (1 + 0{,}1 \times 1{,}06) = 0{,}64, \qquad при\ t = 1{,}06.$$

Расчетные значения прочностных характеристик грунта определяем.

$$E_{гр} = 54 \text{ МПа}; C_{гр} = 0,0252 \text{ МПа}; \qquad \varphi = 21,6°.$$

Проведен расчёт приведенной интенсивности движения в таблице 5.

Категория транспортных средств	Основные модели транспортных средств	Интенсивность движения на начало срока службы авт/сут	Суммарный коэффициент приведения S_m к расчётной нагрузке A_1	Произведение $N_i x S_i$
Легковые и микроавтобусы		263	0	0
Автобусы средней вместимости	ПАЗ-657	1	0,3	0,3
Автобусы большой вместимости	Икарус 260	1	0,73	0,73
Малые грузовики грузоподъемность до 2 т	Газель	5	0,01	0,05
Двухосные грузовики грузоподъемность до 5 т	ЗиЛ -130	4	0,12	0,48
Двухосные грузовики грузоподъемность до 10 т	МАЗ-53371	2	1,01	2,02
Трехосные грузовики грузоподъемность до 10 т	КамАЗ-53208	2	0,55	1,1
Трехосные грузовики грузоподъемность до 10 т-12т	КрАЗ-257Б₁	0	1,18	0
Двухосные грузовики с прицепом (11-11)	МАЗ-500 с прицепом МАЗ-83781	2	2,84	5,68
Трехосные грузовики с прицепом (12-11)	КрАЗ-65053 с прицепом МАЗ-83781	1	10,46	10,46
Двухосные седельные тягачи с полуприцепами (111)	МАЗ-54326 с прицепом МАЗ-93801	2	1,93	3,86
Двухосные седельные тягачи с по-	Volvo-F16 с	0	8,08	0

луприцепами (112)	п/прицепом			
Трактора легкие с прицепом	Беларусь	3	0,01	0,03
Трактора тяжелые с прицепом	К-702	2	0,04	0,08
ИТОГО:		288		24,79

По приведенной интенсивности движения определяем суммарное расчетное количество приложений расчетной нагрузки за срок службы 20 лет по формуле

$$Nрасч.=24,79 \times 0,55 = 14 \; авт,$$

$$\sum Nрасч.= 365 \times 14 \times (1,02^{14}-1) / (1,02-1)= 81 \; 626,82 \; ед.(2)$$

Требуемый модуль упругости определяется в зависимости от расчетного суммарного количества приложений расчетной нагрузки за срок службы конструкции дорожной одеждыпо формул

$$Eтр = 120+74 \; (log\sum Nрасч. - 4,5) = 151МПа. \tag{3}$$

Даны исходные данные для расчета в таблице 6.

Материал слоя	h слоя, см	Расчет по упругому прогибу E, МПа	Расчет по сопротивлению сдвигу				Расчет по сопротивлению растяжению при изгибе	
			$E_{сл}$, МПа	рад.	C, МПа		$E_{сл}$, МПа	$\overline{R}_y$, МПа
Асфальтобетон холодный типа Б$_х$ марки II	7	900	300	-	-		1500	1,6
Щебень фракционированный по способу заклинки	15	350	350	-	-		-	-
Гравийно-песчаная смесь	15	180	180	45	0,02		-	-
Суглинок Wp = 0,64Wт		54	-	21,6	0,0252		-	-

49

Расчет конструкции по упругому прогибу в таблице7.

Модуль упруго-сти слоя, E_c, МПа	Толщина слоя h, см	Отношение			Общий модуль упруго-сти на поверхности слоя $E'_{общ}$, МПа	Материал слоя
		$\dfrac{h}{Д}$	$\dfrac{E_{общ}}{E_c}$	$\dfrac{E'_н}{Eв}$		
900	7	0,189	0,170	0,136	153,00	Асфальтобетон холодный
350	15	0,405	0,350	0,222	122,50	Щебень фракционирован-ный
180	15	0,405	0,431	0,300	77,58	Гравийно-песчаная смесь
54					54	Суглинок

Расчет конструкции на сопротивление сдвигу в грунте. Средний модуль упругости дорожной одежды вычисляем по формуле

$$E_{ср} = \frac{300 \times 7 + 350 \times 15 + 180 \times 15}{7 + 15 + 15} = \frac{2100 + 5250 + 2700}{37} = 271,62 МПа, \tag{4}$$

$$\frac{E_{ср}}{E_н} = \frac{271,62}{54} = 5,03, \qquad \frac{h_{общ}}{Д} = \frac{37}{37} = 1,$$

при $\varphi = 21,6°$, $\overline{\tau_н} = 0,050$ МПа – активное напряжение сдвига;

$\tau_в = -0,00068$ МПа – напряжение от веса дорожной одежды.

Активное напряжение сдвига в грунте рабочего слоя.

$$T_p = \overline{\tau_н} \times p + \tau_в = 0,031 МПа. \tag{5}$$

Допускаемое напряжение сдвига в грунте рабочего слоя определяется по формуле

$$T_{\text{доп}} = C_{\text{гр}} \times K_1 \times K_2 \times K_3 = 0,028\,\text{МПа} \text{ , отсюда } \quad \frac{T_{\text{доп}}}{T_p} = 0,9 = K_{\text{пр}}. (6)$$

Расчет конструкции на сопротивление сдвигу в песчано-гравийном слое основания.

Средний модуль упругости верхних слоев дорожной одежды вычисляем по формуле

$$E_{\text{ср}} = \frac{300 \times 7 + 350 \times 15}{7 + 15} = \frac{2100 + 5250}{22} = 334,1\,\text{МП,}$$

$$\frac{E_{\text{ср}}}{E_{\text{н}}} = 3,31, \qquad \frac{h_{\text{общ}}}{Д} = \frac{22}{37} = 0,59 \text{ при } \varphi = 45°, \qquad \overline{\tau_{\text{н}}} = 0,045 \text{ МПа,}$$

$$\tau_{\text{в}} = -0,0024 \text{ МПа } T_p = \overline{\tau_{\text{н}}} \times p + \tau_{\text{в}} = 0,0246\,\text{МПа.}(7)$$

Активное напряжение сдвига в слое песчано-гравийной смеси определяется по формуле

$$T_{\text{доп}} = C_{\text{сл}} \times K_1 \times K_2 \times K_3 = 0,02 \times 0,6 \times 0,92 \times 7,0 = 0,077\,\text{МПа,}$$

$$\frac{T_{\text{доп}}}{T_p} = 3,13 > 0,9 = K_{\text{пр}}. (8)$$

Расчет конструкции на сопротивление асфальтобетонных слоев усталому разрушению от растяжения при изгибе.

Приводим конструкцию к двухслойной модели, где нижний слой – часть конструкции, расположенная ниже асфальтобетонных слоев, с модулем упругости на поверхности $E_{\text{н}} = 122{,}5$ МПа, верхний слой – $E_{\text{в}} = 1500$ МПа

$$\frac{E_{\text{в}}}{E_{\text{н}}} = \frac{1500}{122,5} = 12,24, \qquad \frac{h_{\text{в}}}{Д} = \frac{7}{37} = 0,189,$$

по номограмме определяем $\overline{\sigma_r} = 1{,}94$ МПа.

Расчетное растягивающее напряжение вычисляем по формуле

$$\sigma_R = \overline{\sigma_R} \times p \times k_\sigma = 1,94 \times 0,6 \times 0,85 = 0,988 \text{ МПа.} \quad (9)$$

Вариант № 2

1. Покрытие из горячего черного щебня по СТРК 1215-2003h=8,0см с ЩПО т.24 СНРК 3.03-19.2006 «Автомобильные дороги» [12].

2. Основание: верхний слой из фракционированного щебня, уложенного по способу заклинки, толщиной 15см.

3. Основание: нижний слой из гравийно-песчаной смеси, толщиной 15см.

Грунт рабочего слоя земляного полотна – суглинок

Расчет дорожной одежды на прочность произведен по СН РК 3.03-19-2006 «Проектирование дорожных одежд нежесткого типа»[12]. Вариант № 2 приведены «Исходные данные для расчета» таблице 8.

Таблица 8

Материал слоя	h слоя, см	Расчет по упругому прогибу E, МПа	Расчет по сопротивлению сдвигу			Расчет по сопротивлению растяжению при изгибе	
			$E_{сл}$, МПа	рад.	С, МПа	$E_{сл}$, МПа	$\overline{R}_y$, МПа
Горячий черный щебень	8	900	900	-	-	900	-
Щебень фракционированный по способу заклинки	15	350	350	-	-	-	-
Гравийно-песчаная смесь	15	180	180	45	0,02	-	-
Суглинок Wp = 0,64Wт		54	54	21,6	0,0252	-	-

Вариант № 2 «Расчет конструкции по упругому прогибу» в таблице 9

Модуль упругости слоя, E_c, МПа	Толщина слоя h, см	Отношение			Общий модуль упругости на поверхности слоя $E'_{общ}$, МПа	Материал слоя
		$\dfrac{h}{Д}$	$\dfrac{E_{общ}}{E_c}$	$\dfrac{E'_н}{Eв}$		
900	8	0,216	0,136	0,195	175,5	Горячий черный щебень
350	15	0,405	0,350	0,222	122,50	Щебень фракционированный
180	15	0,405	0,431	0,300	77,58	Гравийно-песчаная смесь
54					54	Суглинок

Вариант № 2 Расчет конструкции на сопротивление сдвигу в грунте. Средний модуль упругости дорожной одежды вычисляем по формуле

$$E_{ср} = \frac{900 \times 8 + 350 \times 15 + 180 \times 15}{8 + 15 + 15} = \frac{7200 + 5250 + 2700}{38} = 398.7 \, МПа,$$

$$\frac{E_{ср}}{E_н} = \frac{398.7}{54} = 7.38, \qquad \frac{h_{общ}}{Д} = \frac{38}{37} = 1.03. \tag{10}$$

при φ =21,6°, $\overline{\tau_н}$ = 0,0485 МПа – активное напряжение сдвига,

$\tau_в$ = - 0,00071 МПа – напряжение от веса дорожной одежды.

Активное напряжение сдвига в грунте рабочего слоя определяется по формуле

$$T_p = \overline{\tau_н} \times p + \tau_в = 0.02839 \, МПа. \tag{11}$$

Допускаемое напряжение сдвига в грунте рабочего слоя определяется по формуле

$$T_{don} = C_{cp} \times K_1 \times K_2 \times K_3 = 0.028\,\text{МПа, отсюда} \qquad \frac{T_{don}}{T_p} = 1.014 \vartriangleright K_{np} = 0.9.$$
(12)

Вариант № 2 Расчет конструкции на сопротивление сдвигу в песчано-гравийном слое основания. Средний модуль упругости верхних слоев дорожной одежды вычисляем по формуле

$$E_{cp} = \frac{900 \times 8 + 350 \times 15}{8 + 15} = \frac{7200 + 5250}{23} = 541.3\,\text{МПа,}$$

$$\frac{E_{cp}}{E_{n}} = 4.42, \qquad \frac{h_{o6m}}{Д} = \frac{23}{37} = 0,622,$$

$$\text{при } \varphi = 45^\circ, \qquad \overline{\tau_{n}} = 0,04 \text{ МПа,}$$

$$\tau_{e} = -0,0024 \text{ МПа,}$$

$$T_p = \overline{\tau_{n}} \times p + \tau_{e} = 0,0216\,\text{МПа.}$$
(13)

Активное напряжение сдвига в слое песчано-гравийной смеси определяется по формуле

$$T_{don} = C_{cn} \times K_1 \times K_2 \times K_3 = 0,02 \times 0,6 \times 0,92 \times 7,0 = 0,077\,\text{МПа,}$$

$$\frac{T_{don.}}{T_p} = 3,565 > 0,9 = K_{np}.$$
(14)

Вариант № 3

1. Щебеночно-гравийная оптимальная смесь, обработанная жидким битумом СГ 130/200 h-10см с ШПО черный щебень по т.2.4 СНРК 3.03-19-200«Проектирование дорожных одежд нежесткого типа»[13].

2. Основание: верхний слой из фракционированного уложенного по способу заклинки, толщиной 15см.

3. Основание: нижний слой из гравийно-песчаной смеси, толщиной 15см. Грунт рабочего слоя земляного полотна – суглинок.

Расчет дорожной одежды на прочность произведен по СН РК 3.03-19-2006

«Проектирование дорожных одежд нежесткого типа»[13].

Вариант №3 приведены «Исходные данные для расчета» в таблице 10.

Таблица 10

Материал слоя	h слоя см	Расчет по упруго-му прогибу E, МПа	Расчет по сопротивлению сдвигу			Расчет по сопротивлению растяжению при изгибе	
			$E_{сл}$, МПа	град.	C, МПа	$E_{сл}$, МПа	$\bar{R}_y$, МПа
Щебеночно–гравийная оптимальная смесь обработанная жидким битумом СГ 130/200	10	450	450	-	-	450	-
Щебень фракционированный по способу заклинки	15	350	350	-	-	-	-
Гравийно-песчаная смесь	15	180	180	45	0,02	-	-
Суглинок Wp = 0,64Wт		54	54	21,6	0,0252	-	-

Вариант № 3 «Расчет конструкции по упругому прогибу» в таблице 11.

Модуль упругости слоя, $E_с$, МПа	Толщина слоя h, см	Отношение			Общий модуль упругости на поверхности слоя $E'_{общ}$, МПа	Материал слоя
		$\dfrac{h}{Д}$	$\dfrac{E_{общ}}{E_c}$	$\dfrac{E'_н}{Eв}$		
450	10	0,27	0,34	0,272	153,0	Горячий черный щебень
350	15	0,405	0,350	0,222	122,50	Щебень фракционированный
180	15	0,405	0,431	0,300	77,58	Гравийно-песчаная смесь
54					54	Суглинок

Вариант № 3 Расчет конструкции на сопротивление сдвигу в грунте. Средний модуль упругости дорожной одежды вычисляем по формуле

$$E_{cp} = \frac{450 \times 10 + 350 \times 15 + 180 \times 15}{10 + 15 + 15} = \frac{4500 + 5250 + 2700}{40} = 311.25 \, МПа,$$

$$\frac{E_{cp}}{E_{_H}} = \frac{311.25}{54} = 5.764, \qquad \frac{h_{общ}}{Д} = \frac{40}{37} = 1.08. \qquad (15)$$

при $\varphi = 21{,}6°$, $\overline{\tau_{_H}} = 0{,}05$ МПа – активное напряжение сдвига,

$\tau_{_в} = -0{,}00343$ МПа – напряжение от веса дорожной одежды.

Активное напряжение сдвига в грунте рабочего слоя: $T_p = \overline{\tau_{_H}} \times p + \tau_{_в} = 0.02657 \, МПа$

Допускаемое напряжение сдвига в грунте рабочего слоя определяется по формуле

$$T_{доп} = C_{cp} \times K_1 \times K_2 \times K_3 = 0{,}028 \, МПа, \quad \text{отсюда} \quad \frac{T_{доп}}{T_p} = 1.054 \triangleright K_{np} = 0.9. \qquad (16)$$

Вариант № 3 Расчет конструкции на сопротивление сдвигу в песчано-гравийном слое основания. Средний модуль упругости верхних слоев дорожной одежды вычисляем по формуле

$$E_{cp} = \frac{450 \times 10 + 350 \times 15}{10 \times 15} = \frac{4500 + 5250}{25} = 390 \, МПа, \qquad (17)$$

$$\frac{E_{cp}}{E_{_H}} = 5.027, \qquad \frac{h_{общ}}{Д} = \frac{25}{37} = 0{,}676,$$

при $\varphi = 45°$, $\overline{\tau_{_H}} = 0{,}022$ МПа,

$\tau_{_в} = -0{,}0024$ МПа,

$T_p = \overline{\tau_{_H}} \times p + \tau_{_в} = 0{,}0108 \, МПа.$

Активное напряжение сдвига в слое песчано-гравийной смеси определяется по формуле

$$T_{don} = C_{cл} \times K_1 \times K_2 \times K_3 = 0,02 \times 0,6 \times 0,92 \times 7,0 = 0,077 \, МПа \qquad (18)$$

$$\frac{T_{don}}{T_p} = 7.13 \triangleright K_{np} = 0.9$$

Расчет на растяжение в щебеночный слой не производит.

Сравнение вариантов Д.О. производим по единовременным затратам в таблицы 12.

№ Варианта	Стоимость на 1км в ценах 2001г	Экономика
№1	10637,533	1737,722
№ Варианта	Стоимость на 1км в ценах 2007г	Экономика
№2	10852,510	1522,745
№3	12375,255	1356,656

Как видим, из таблицы наиболее экономичным является 1 вариант, по сравнению с 3-мя вариантами; экономия устройства дорожной одежды составит 1737,722 тыс. тенге на 1км. По сравнению со вторым экономия составит 214,977 тыс. тенге на 1км устройство дорожной одежды.

Принятая конструкция дорожной одежды удовлетворяет требованиям надежности и прочности по трем критериям: сопротивлению упругому прогибу, сопротивлению сдвигу в подстилающем грунте и песчано-гравийном слое, сопротивлению растяжению при изгибе асфальтобетонного слоя [2].

Ширина дорожной одежды принята 7,00м (с учетом краевых полос), обочин по 1,50м. Укрепление краевых полос шириной 0,5 м, принято по типу дорожной одежды на проезжей части. Укрепление обочин толщиной h_{cp} = 6 см, принято из песчано-гравийной смеси (согласно требованиям СНиП РК 3.03-09-2006). Присыпные обочины, толщиной 30см, отсыпаются из гравийного грунта бесхозных выработок, по мере устройства конструктивных слоев дорожной одежды.

Для обеспечения водоотвода с поверхности дороги, в соответствии с п.5.1.12 и 5.1.13 СНиП РК 3.03-09-2006«Автомобильные дороги» [12], принят двускатный поперечный профиль. Уклон проезжей части - 20‰, обочин - 40‰. Поперечные уклоны проезжей части на виражах приняты односкатными – 40‰. Переход от двускатного профиля к односкатному, осуществляется на длине переходной кривой принятой в зависимости от радиуса. СНиП РК 3.03-09-2006 «Автомобильные дороги» [12] «Ведомость прямых и кривых» на плане трассы в соответствии с рисунком Г1(приложение Г).

В целях обеспечения благоприятных условий работы прикормочных частей дорожной одежды, в соответствии с п.5.14 СН РК3.03-19-2006 «Проектирование дорожных одежд нежесткого типа»[13] верхний слой основания устраивается на 0, 6 м (по 0,3м с каждой стороны) шире слоя покрытия с заложением откосов 1:1. Нижний выравнивающий слой основания устраивается на 1м шире верхнего слоя основания (считая от подошвы верхнего слоя) с заложением откосов 1:1,5.

Покрытие существующей дорожной одежды разбирается с применением фрезы. Фрезерованный материал складывается в валик по оси дороги. Грунт на обочинах рыхлится и сдвигается к бровке. Основание существующей дорожной одежды рыхлится, перемешивается с фрезерованным материалом и новой песчано-гравийной смесью, и раскладывается в нижний слой основания толщиной 15см.

По готовому нижнему слою устраивается верхний слой основания толщиной 15см из щебня фракции 40 – 70мм с расклинкой по поверхности щебеночной мелочью фракции 10 – 20мм.

По готовому основанию устраивается покрытие из холодной асфальтобетонной смеси типа Бх марки II, толщиной 7см.

В соответствии с п.9.30 и 10.17 СНиП 3.06.03-85 перед укладкой слоев из асфальтобетона, по основанию из щебня, предусматривается предварительный розлив битума жидкого дорожного из расчета 0,72 т на 1000м^2.

По покрытию дорожной одежды устраивается одиночная поверхностная обработка вязким битумом с применением черного щебня фракции 10 – 15мм [4].

3 ПОСЛЕДОВАТЕЛЬНОСТЬ ОБРАБОТКИ РЕЗУЛЬТАТОВ ПОЛЕВЫХ ИЗМЕРЕНИЙ

3.1 Подготовка полевых материалов для проведения камеральных обработок

Полевые и камеральные работы проводились с целью создания цифровой модели местности земной поверхности.

В зависимости от стадии проектирование и строительства автомобильной дороги (предварительное изыскания при строительстве) используется различные программные продукты. И поэтому мною были выполнены исследования целесообразности и эффективности применения различных программ на разных стадиях строительства дороги.

Обработка, собранных в полевых условиях материалов, и создание плана трассы, цифровая модель местности (ЦММ) выполнялось на персональном компьютере, в программах «Credo» и «AutoCad 2014».

Использовались следующие программные продукты:

– «Credo» III поколения;

– «Auto cad Civil 3D 2009, Auto cad 2014»;

–«LEICA Geo Office Tools»;

– «Microsoft Office Word»;

– «Microsoft Office Excell».

Для экономии времени камеральных работ целесообразно начать вычерчивание плана в программе «CREDO линейные изыскания 2013».

На первом этапе камеральных работ координаты полученные, при полевых измерениях с электронного тахеометра загружаем в компьютер, работаем с программой «LeicaFlexoffice 2.2» в соответствии с рисунком 12.

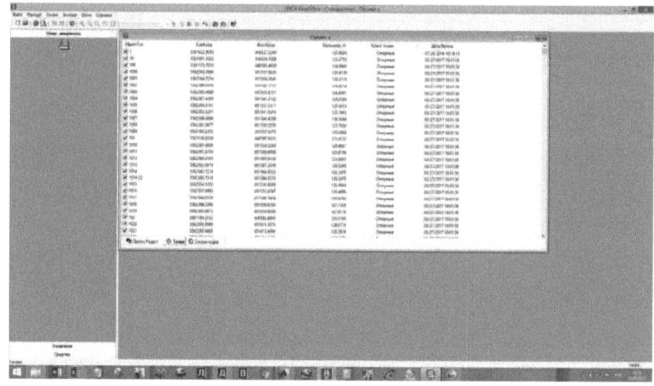

Далее данные подгружаются в программу «CREDO линейные изыскания 2013», где выполняется обработка полевых измерений и вычерчивание плана трассы, а также создание поверхностей и площадных тематических объектов руководствуясь «Условными знаками для топографических планов масштабов 1:2000, 1:1000» издательство Недра Москва 1973г. Фрагмент выполненного объем работы в программе«CREDO линейные изыскания 2013» в соответствии на рисунке 13.

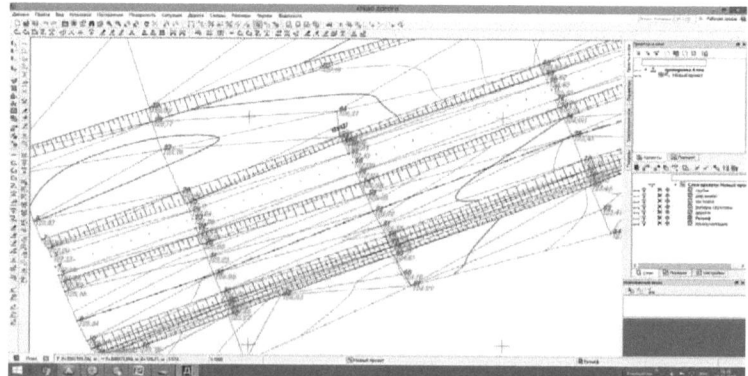

После этого цифровая модель местности экспортировалось в программу AutoCAD 2014 при помощи программы CREDO «Конвертер» в соответствии с рисунком 14.

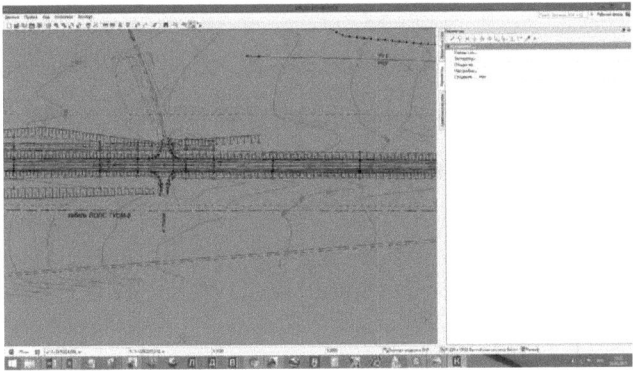

В AutoCAD выполнялась окончательная обработка данных(изменение и по-правки в надписях, стили и цветов и т.д.) в соответствии с рисунками 15,16.

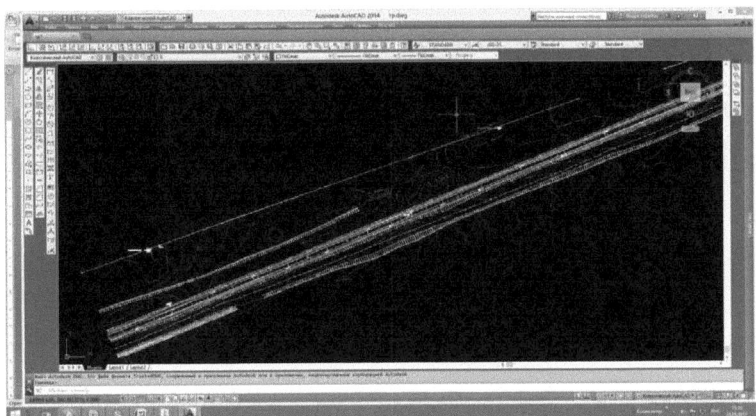

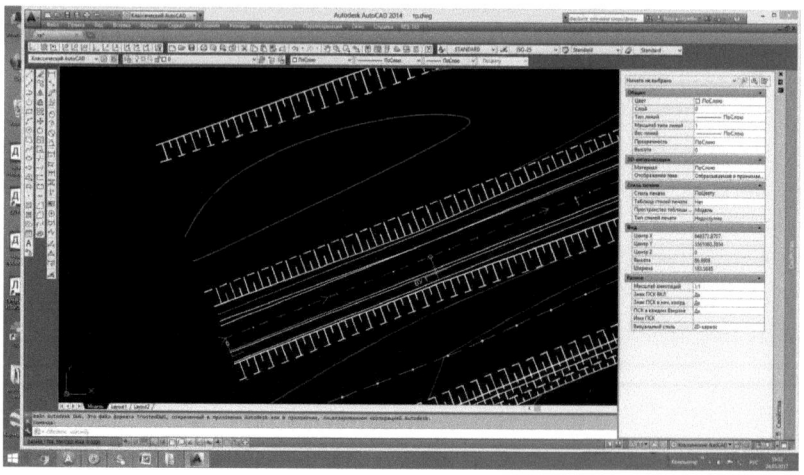

Составление всех соответствующих ведомостей, AD 2014 в соответствии с рисунком 17.

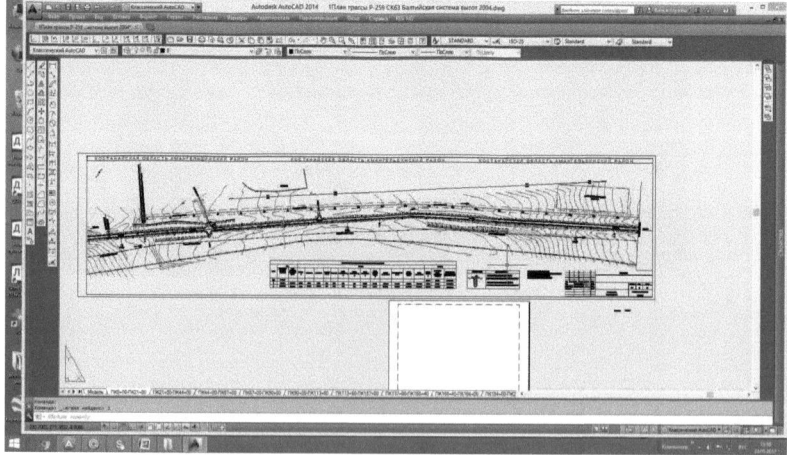

Сбор данных и управление осуществляются оператором через блок управления VMX-450-CU, находящийся в компактном кейсе для удобства транспортировки, электропитание, к которому подается непосредственно от бортовой сети транспортного средства. Удобная сенсорная панель, отображающая

Результат сканирования и определения координат точек подгружается в программу Credo «Трансформ» для дальнейшего обрабатывания снимка в соответствии с рисунками 18, 19.

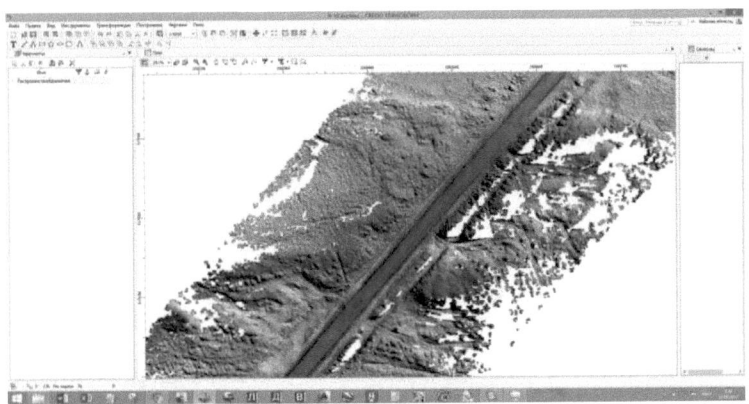

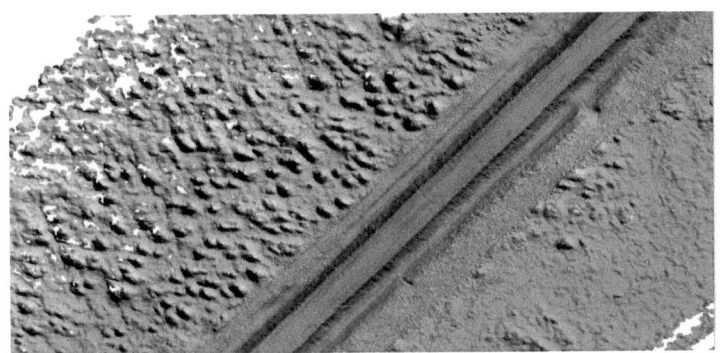

3.2 Методика составление профилей и контуров в программах CREDO и AutoCad

Продольные и поперечные профили вычерчиваются в программе «CREDO дороги». Целесообразно использовать эту программу, для вычерчивания профилей в соответствии с рисунками 20, 21.

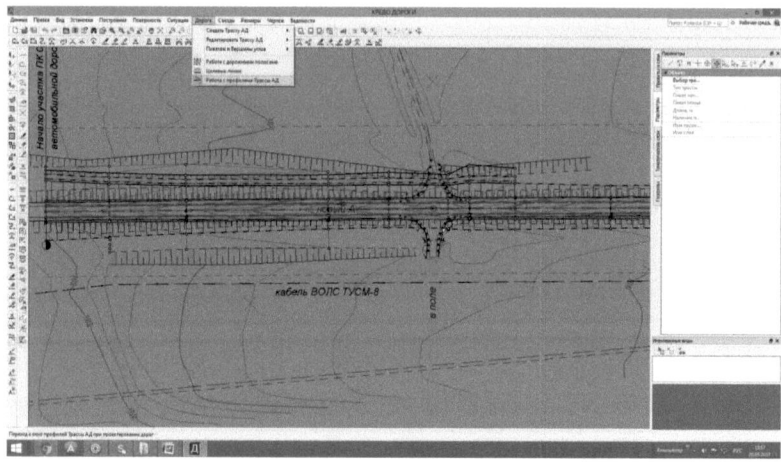

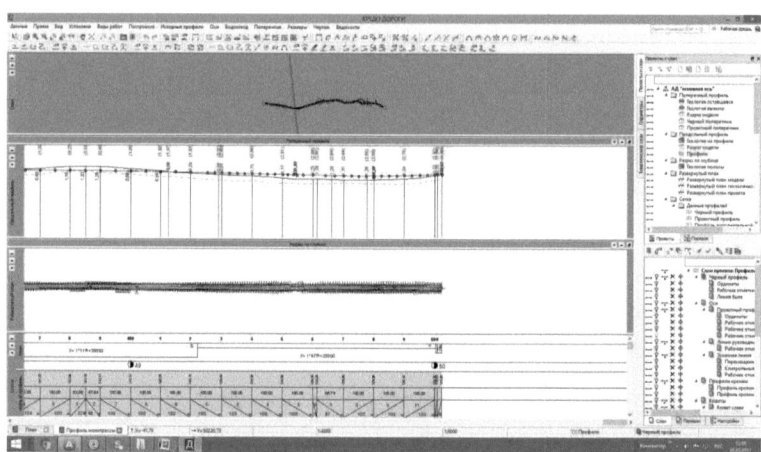

Далее производится экспортирование в программу AutoCAD для дальнейшего обработки чертежа (изменение и поправки в надписях, стили и цветов и т.д.) в соответствии с рисунками 22, 23.

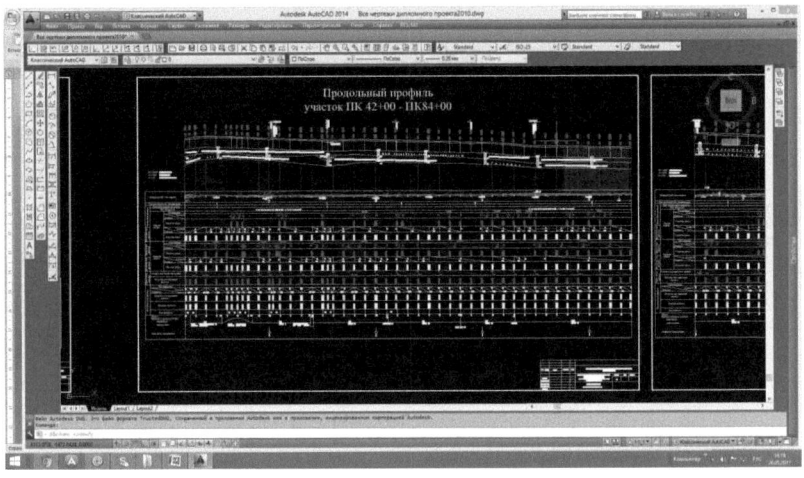

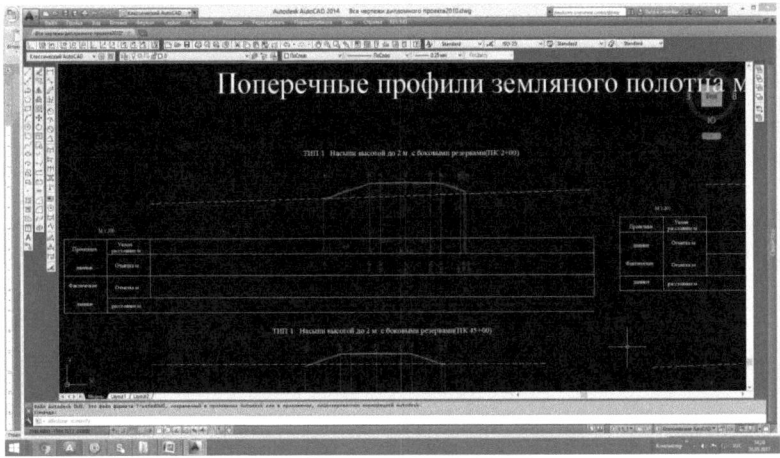

Весь изыскательский материал (план трассы, черный продольный профиль и ведомости и т.д.) далее направляется проектировщику для последующих проектных работ.

Задача изыскателей состоит в указании фактического расположения всех элементов участка (трубопроводы, малых искусственных сооружений, дорож-

66

ных знаков и коммуникации).

При реконструкции автомобильных дорог, перед проектировщиком стоит задача спроектировать участок дороги по данным предоставленным изыскателями данными, руководствуясь СНиП и Типовыми. Он может так же изменить местоположения сооружений, прилегающие ремонтируемой дороги, либо оставить на прежнем месте.

3.3 Подготовка данных для составления технического отчета

После проведенных мероприятий на данном разрушенном участке, по собранным материалам выполненных работ, идет подготовка к составлению технического отчета.

В процессе сбора материала по проекту, отделами собирается технический отчет, пишется пояснительная записка, заполняются ведомости по участку. Отчет проверяются главным инженером проектировщикам и техническим отделом, на полноту и качества выполнения. Далее присваивается инвентарный номер, записывается в журнал и направляется в архив для дальнейшего использования проектировщиков. Мною был составлен, полностью технический отчет по изысканию. Чертежи, ведомости выполненных работ по изысканию предоставлены в приложениях, также дополнительно заполнены ведомости в соответствии с приложениями М, Н, П.

3.4 Исследование по обработке результатов полевых измерений в камеральных условиях

Для обработки результата полевых измерений полевых измерений используется различные программные продукты в зависимости от получаемого геодезического продукта (профиль, план трассы, объем земляных работ). В связи с этим сравним назначения возможности программных продуктов. Наиболее распространенный вариант обработки данных построения чертежей схематично показан схема обработки полевых измерений № 1 Схема обработки полевых измерений № 2 в соответствии с рисунком 24,25.

Однако, проведенное в рамках данной диссертации исследование, показало, что целесообразней использовать нескольких специальных программных продуктов в соответствии с рисунком. Такое исследование позволяет автоматизировать процесс построение цифровой модели местности (ЦММ) в программе Credo линейные изыскания благодаря встроенному модулю Минск и ГУГК. Включение в схему программного обеспечения «Credo дороги» позволяет автоматически получать чертеж профилей. В данной схеме (рисунок 25) в программе Auto Cad будет производиться только редактирование и подготовка чертежей к печати (разбивка на планы трассы, редактирование при изменении в плане, при досъемке), что позволит избежать ошибок и ускорит процесс камеральных работ.

ЗАКЛЮЧЕНИЕ

В процессе написания диссертации, предоставлены методы последовательности и выполнения работ по инженерно - геодезическим изысканиям и по проектированию и реконструкции автомобильной дороги IV технической категорий.

В данной выпускной квалификационной работе, приводились, анализы топографо-геодезические, инженерно-геологические материалы, описано физико-географические условия участка работ.

В ходе обследование участка к проектированию принята усовершенствованная конструкция дорожной одежды облегченного типа. Требуемый модуль упругости $E_{тр.}$ = 151 МПа. Приведено 3 способа варианта проложении дорожной одежды и основания, все варианты определены по расчетному суммарному количеству приложений расчетной нагрузки за срок службы конструкции дорожной одежды. Приведены анализы, сравнение по дорожной одежде и выбран № 1 вариант, наиболее экономичный вариант представлен в диссертации.

При выполнений инженерно-геодезических работ, полевой бригадой и с моим участием были выполнены полевые измерения. Полевые работы выполнялись с применением новейшего прибора. В ходе полевых работ автором была разработана методика полевого измерения.

В диссертации были предоставлены исследования геодезических измерений–последовательности измерения при полевых и камеральных работах. Получили следующий вывод, геодезические методы измерения на одном участке выполнялись с целью сравнения методов и получение точного результата. Выявлены следующие факторы то, что все методы измерения (измерение с разными приборами), могут обходиться без друг друга но в некоторых случаях их необходимо использовать вместе для экономии времени и удобства и получения точного результата.

В диссертации ярко выражена последовательность обработки полевого измерения при камеральных работ. Автором, были выполнены чертижи плана трассы, черный продольный профиль в программах Credo и AutoCAD, заполнены ведомости по трассе.

Цель и задача выпускной квалификационной работы достигнута.

Диссертация состоит из 3 этапов, все этапы рассмотрены приведены примеры таблицы и формулы.

Получение наиболее эффективного решения связано со значительным объемом расчетов, выполнение которых требует широкого применения современных приборов и технологий. Геодезические работы проводились с помощью высокоточных современных приборов это как, Тахеометр Leica TPS 407 Power, нивелиры LeicaNA 724 и Мобильный Лазерный сканер Сканер Riegl VMX-450. Эти приборы дают наименьше ошибок и при съемки местности происходит меньше искажения.

В диссертации даны рекомендации по развитию геодезического обоснования для выноса инженерных работ по проектированию и реконструкции автомобильной дороги.

Пояснительная часть выпускной квалификационной работы, написана компьютерным набором. Графическая часть выпускной квалификационной работы выполнена в программе Credo и AutoCad.

Все работы на объекте рассмотрены с применением нового геодезического оборудования как ранее я уже говорила и новейших программных технологий, что определяет их актуальность на данное время. Исходя из современного положения в Республики Казахстан дорожное строительство, а так же строительство сооружения имеет огромный размах и темпы.

СПИСОК ЛИТЕРАТУРЫ

1 СНиП РК3.03-09-2003«Автомобильные дороги», 2003 г. 63 – с.

2 Сборник типовых технических спецификаций по строительству и ремонту автомобильных дорог. Часть I, часть II, часть III, 2001 г. 47– с.

3 СНиП РК 1.02-18Инженерно-геологические изыскания для строительства, 2007 г. 52 – с.

4 Строительные конструкции типовые, изделия и узлы серия 3.503-71 Дорожные одежды автомобильных дорог общего пользования. Материалы для проектирования, 2001г. 42 – с.

5 Строительные конструкции Типовые, изделия и узлы зданий и сооружений Серия 3.503.1-144 Трубы водопропускные круглые железобетонные сборные для железных и автомобильных дорогах, 2001г. 27 – с.

6 Строительные типовые проектные решения 503-09-7.84 Материалы для проектирования Водоотводные сооружения на автомобильных дорогах общей сети, 2002г. 58 – с.

7 Строительные типовые материалы для проектирования 503-0-51.89 Пересечения и примыкания автомобильных дорог в одном уровне 2007г. 102 – с.

8 СТ РК 1124-2003 Технические средства организации дорожного движения. Разметка дорожная. Технические требования. 2003г. 32 – с.

9 СНиП 3.03-09-2006 «Автомобильные дороги», 2006 г. 120 – с.

10 СН РК 3.03-19-2006 «Проектирование дорожных одежд нежесткого типа», 2006г. 87 – с.

11 СНиП 2.05.03-84* Мосты и трубы 1984 г. 57 – с.

12 СТ РК 1380-2005 «Нагрузки и воздействия, а так же экологическому Кодексу РК и иным требованиям СНиП».2005г. 46 – с.

13 СТ РК 1399 «Инженерные изыскания для строительства, реконструкции и капитального ремонта» -2005г. 63 – с.

14 СНиП РК 1.02-18 «Инженерные изыскания для строительства», 2002 г. 21 – с.

15 СН РК 8.02-05-2002 «Сборник сметных цен на строительные материалы, изделия и конструкции» 2002г. 46 – с.

16 СТП 503-0-48.87 «Земляное полотно автомобильных дорог общего пользования» 1987г. 52 – с.

17 Сборники типовых технических спецификаций по строительству и ремонту дорог МИТ РК в 2003г. 29 – с.

18 СНиП 3.01.01-85 «Организация строительного производства» 1985г. 12 – с.

19 СН РК 8.02-05-2002, сборники № 1; № 7; № 30 2002г. 89 – с.

20 СНиП 1.04.03-85«Нормы продолжительности строительства» 1985г. 58 –с.

21 Условные знаки для топографических планов масштабов 1:5000, 1 :2000, 1: 1000, 1: 5000, М.,Недра, 2009г. 98– с.

22 Условное расположения ВКО Кокпектинский район [Электроный ресурс]/. Электрон.текстовые дан. – Режим доступа: URL: https://ru.wikipedia.org/wiki/%D0%9A%D0% (дата обращения: 02.02.2017), свободный – Загл. с экрана.

ПРИЛОЖЕНИЕ А

(обязательное)

ЧЕРТЕЖ ПРОДОЛЬНОГО ПРОФИЛЯ

Рисунок А1

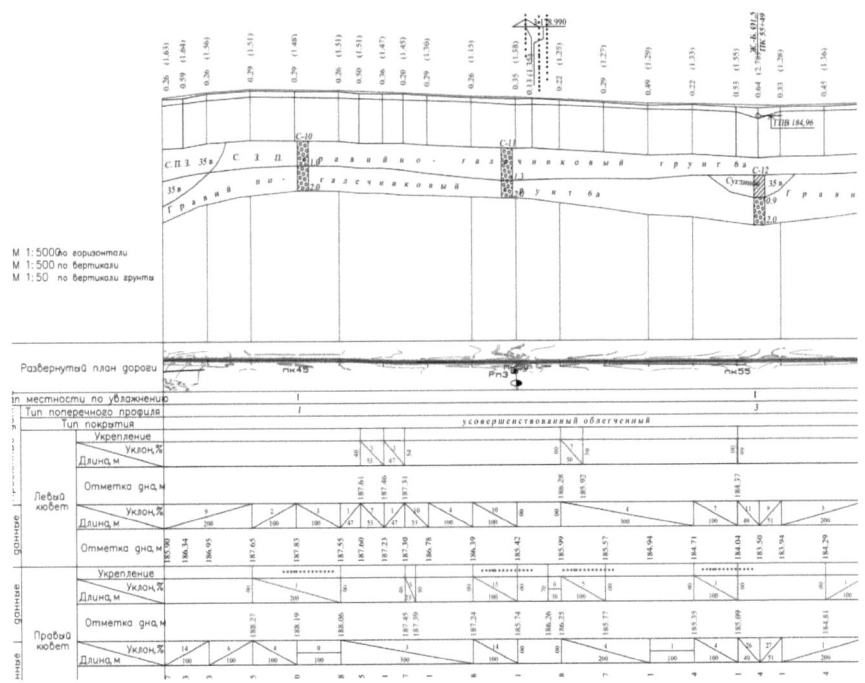

74

ПРИЛОЖЕНИЕ Б

(обязательное)

ЧЕРТЕЖ ПОПЕРЕЧНОГО ПРОФИЛЯ

Рисунок Б1

ТИП 1   Насыпи высотой до 2 м с боковыми резервами (ПК 2+00)

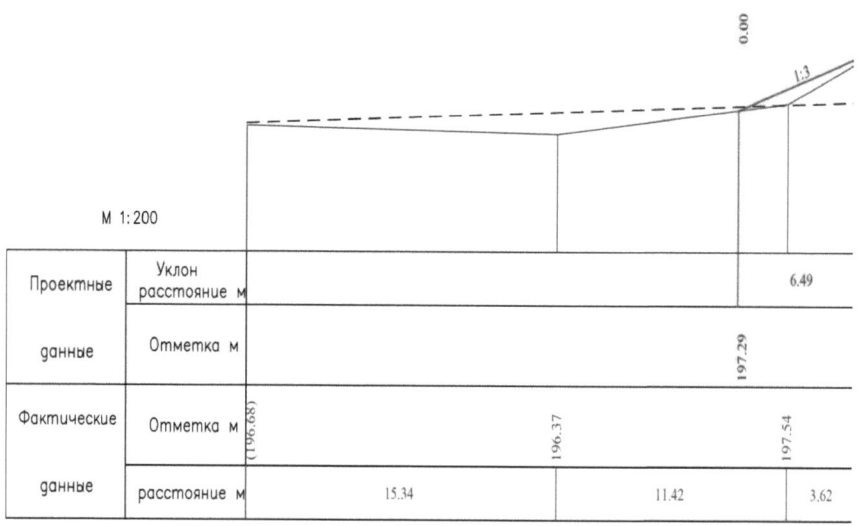

Проектные	Уклон расстояние м				6.49
данные	Отметка м				197.29
Фактические	Отметка м	(196.68)		196.37	197.54
данные	расстояние м		15.34	11.42	3.62

М 1:200

0.00

1:3

ПРИЛОЖЕНИЕ В

(обязательное)

ЧЕРТЕЖ ПЛАНА ТРАССЫ

Рисунок В1

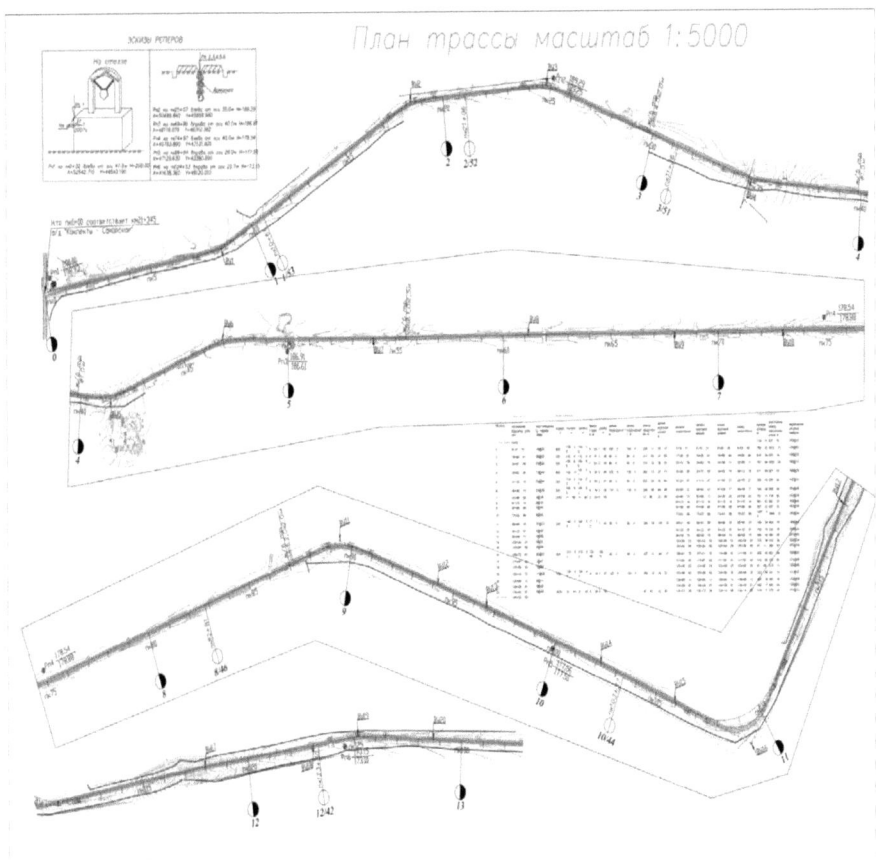

План трассы масштаб 1:5000

ПРИЛОЖЕНИЕ Г

(обязательное)

РАБОЧИЙ ЧЕРТЕЖ ПЛАНА ТРУБЫ

Рисунок Г1

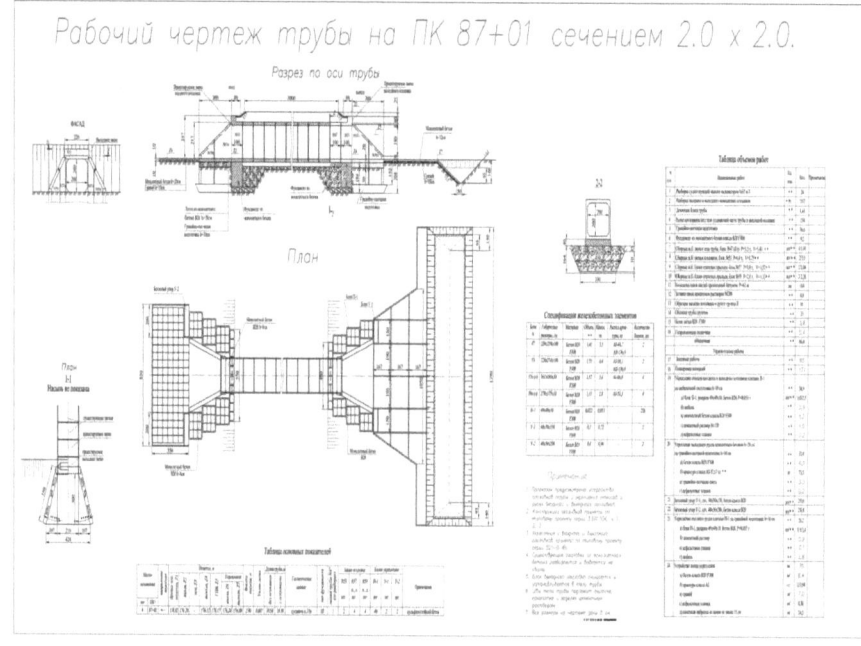

ПРИЛОЖЕНИЕ Д

(обязательное)

ВЕДОМОСТЬ ВЫЧИСЛЕНИЯ ПРЯМОУГОЛЬНЫХ КООРДИНАТ

Таблица Д1

№ пункта	Исходные углы бета(B)	Дирекцион ные углы(L)	Длины линии (S)	Приращения координат и поправки за увязку Δx	Δy	Координаты x	y
А							4796056,87
1		205°	63	+21,54	+59,20	691112,90	
							796116,07
2	205°	430°	73	+51,68	-51,61	691134,44	
							4796064,46
3	165°	405°	47	+34,0	+40,70	691186,12	
							4796105,16
4	135°	420°	49,5	-11,38	+47,81	691220,12	
							4796152,97
5	75°	465°	83,6	-67,54	-41,8	691208,74	
							4796111,17
6	55°	570°	72	+62,25	-30,42	691141,20	
							4796080,75
7	65	695°	34	0	+34	691203,45	
							4796114,75
8	185°	810°	58	-3,03	+57,92	691203,45	

							4796172,67
9	178°	807°	78	1,36	-77,98	691206,48	
							4796094,69
10	173°	809°	62	-6,48	-61,66	691207,84	
							4796033,03
11	165°	816°	52	-18,63	+48,54	691201,36	
							4796081,57
12	65°	831°	52	-36,12	-37,40	691182,67	
							4796044,17
13	236°	946°	53	-52,19			
					+9,20	691146,55	4796053,37
14	256°	890°	49	-8,50			
					+48,25	691094,36	4796101,62
15	35°	965°	67	-28,31			
					-60,72	691102,86	4796040,90
16	245°	900°	96	-81			
					+15,98	691131,17	4796010,90
17	255°	825°	87	+22,51			
					+84,03	691050,17	47,96124,93
18	45°	960°	79,9	+39,9			
A					-68,93	691072,68	4796056,00
						691112,58	

ПРИЛОЖЕНИЕ Ж

(обязательное)

ВЕДОМОСТЬ КООРДИНАТ И ОТМЕТОКТОЧЕК

СЪЕМОЧНОГО ОБОСНОВАНИЯ

Таблица Ж1

№ п/п	№	координаты		Отметка Н (м)	Примечание
		X (м)	Y (м)		
1	Рп 1	44543.300	52542.750	200.000	
2	Рп 2	45859.990	50485.840	189.290	
3	Рп 3	46352.250	4892.652	187.900	
4	Рп 4	46985.368	4587.527	179.521	
5	Рп 5	47129.630	43380.890	177.546	
6	Рп 6	48120.010	41638.360	173.150	
7	Рп 7	49982.864	39967.232	167.541	
8	Рп 8	51893.814	38357.536	162.668	
9	Рп 9	52615.353	36206.303	160.879	
10	Рп 10	52825.000	33762.820	160.307	
11	Рп 11	54155.120	31847.680	159.633	
12	Рп 12	55840.280	30781.490	154.412	

ПРИЛОЖЕНИЕ И

(обязательное)

ВЕДОМОСТЬ ВЫЧИСЛЕНИЯ ПРЕВЫШЕНИЙ И ВЫСОТ НИВЕЛИРНОГО ХОДА

Таблица И1

Отметка точек H,м	Расстояние S,м	Угол на- клона v	Высота инст. i,м	Высо- та инст. L	h1	h	H2
217.34	145	+3° 14'30''	1.32	3.00	+8.21	+6.53	223.87
342.58	203	-2° 37' 15''	1.39	2.97	-9.29	-10.87	331.71
174.25	96	-5° 25'08''	1.33	2.93	-9.02	-10.62	163.63
465.13	154	+3 °43' 45''	1.40	3.00	+9.96	+8.36	473.66
623.80	217	+2° 51'22''	1.44	2.96	+0.78	+9.26	633.06
356.72	88	-4° 06'52''	1.34	2.98	-6.30	-4.66	352.06
297.04	162	-3° 34'38''	1.41	3.04	-10.06	-8.43	288.61
834.15	229	+1° 3'30''	1.35	2.95	+4.20	+2.6	836.75
168.23	76	-5 °17 '15''	1.45	2.96	-6.97	-8.48	159.75
375.34	174	+3° 25' 08''	1.36	3.00	+10.35	+8.71	384.05
409.51	236	-2° 48' 45''	1.42	2.95	11.51	-13.04	396.47
547.62	85	+6° 52' 22''	1.37	2.96	+10.24	+8.65	565.27
381.75	128	-3° 08 '38''	1.43	2.97	-6.99	-8.53	373.22
262.84	243	+2° 36' 52''	1.38	2.98	+11.01	+9.41	272.25
658.32	97	-4° 2'9 30''	1.46	3.00	-7.56	-9.1	649.22

ПРИЛОЖЕНИЕ К

(обязательное)

ВЕДОМСОТЬ РЕПЕРОВ

Таблица К1

Приложение И									Коклектинский район ВКО
Ведомость реперов									
№ п/п	Наименование репера	Местоположение ПК+	Растояние от оси дороги		Координаты		Отметка	Эскиз	Примечание
			Влево (м)	Вправо (м)	Х	У	Н		
1	Рп–1	6+78,07	20,62	–	7024,685	29986,503	100,33		пикетаж по улице · 1
2	Рп–2	3+94,80	12,07	–	6775,661	29854,981	100,53		пикетаж по улице · 1, на металлическом заборе.
3	Рп–3	0+27,50	–	18,51	6443,159	29694,500	99,77		пикетаж по улице · 1. По улице Савкимоба ПК 0+19,17 влево 26,35
4	Рп–4	3+57,23	7,54	–	6253,598	29975,541	99,16		пикетаж по ул Савкимоба
5	Рп–5	1+77,78	–	8,13	6384,899	30088,297	99,26		пикетаж по улице · 2
6	Рп–6	3+61,93	28,07	–	6561,972	30137,457	99,70		пикетаж по улице · 2

82

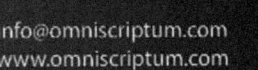